Das große Buch der

VERKEHRSFLUGHÄFEN

airberlin
airberlin
Thomas Cook
Condor
BRITISH AIRWAYS
Aer Lingus
ROSSIYA
ETIHAD
TUIfly.com
germanwings
IBERIA
KLM

Das große Buch der
VERKEHRS-FLUGHÄFEN

Dietmar Plath • Brigitte Rothfischer

GeraMond

Der Ben Gurion International Airport von Tel Aviv ist der größte Flughafen Israels und wurde im Jahr 2009 vom Airports Council International als bester Flughafen im Nahen Osten betitelt. Sein neues Terminal 3 ging zum Winterflugplan 2004 in Betrieb.

Der Flughafen Frankfurt ist nicht nur Deutschlands größtes Drehkreuz und Heimat der Deutschen Lufthansa, sondern spielt auch weltweit in der ersten Liga. Knapp 51 Millionen Fluggäste und 1,8 Millionen Tonnen Fracht wurden hier im Jahr 2009 abgefertigt, was den Airport zum neuntgrößten der Welt macht.

Produktmanagement: Aurel Butz
Layout: imprint, Ilona Külen, Zusmarshausen
Repro: Cromika s.a.s, Verona
Herstellung: Thomas Fischer
Printed in Italy by Printer Trento S.r.l.

Alle Angaben dieses Werkes wurden von den Autoren sorgfältig recherchiert und auf den aktuellen Stand gebracht sowie vom Verlag geprüft. Für die Richtigkeit der Angaben kann jedoch keine Haftung übernommen werden. Für Hinweise und Anregungen sind wir jederzeit dankbar. Richten Sie diese an:
GeraMond Verlag Lektorat
Postfach 40 02 09
80702 München
E-Mail: lektorat@geramond.de

Die Deutsche Bibliothek verzeichnet diese Publikation in der Deutschen Nationalbibliografie: detaillierte bibliografische Daten sind im Internet über http://dnb.d-nb.de abrufbar.

ISBN: 978-3-86245-301-6

Die im Buch dargestellten Zahlen beziehen sich, soweit nicht anders vermerkt, auf das Jahr 2009. Die ACI-Daten beruhen auf den Verkehrsergebnissen von 1.350 dem Airports Council International angeschlossenen Flughäfen.

Inhalt

Oben: In Berlin-Johannisthal wurde der erste Flugplatz Deutschlands eingerichtet, da die Militärführung ihren damaligen Exerzierplatz Tempelhofer Feld keinen Experimenten öffnen wollte.

Links: 1911 startete mit dem Deutschen Rundflug, der über 1854 Kilometer führte, das erste fliegerische Großereignis in Deutschland. Rund 500.000 Zuschauer drängten nach Johannisthal, um den Start der Teilnehmer, hier den Otto Reichardts, zu erleben.

Immer gleich, ständig anders, niemals fertig

Entwicklungen einer neuartigen Infrastruktur

Im Jahr 2009 feierte eine der jüngsten und erfolgreichsten, aber auch aufwendigsten Infrastrukturen Geburtstag, die der Mensch jemals geschaffen hat. Die Rede ist hier allerdings nicht von einem Sport- oder Fußballstadion – zweifelsfrei einer der beliebtesten Bauten in der abendländischen Welt –, sondern vom Flughafen. Flugplätze, oder Aerodrome wie sie in den frühen Tagen der Luftfahrt noch hießen, wurden ab 1909 gezielt für einen einzigen Zweck errichtet, nämlich als Orte, an denen Flugzeuge starten und landen konnten. Welcher der weltweit zigtausend Plätze mit Start- und Landebahn nun wirklich der älteste ist, wird sich vermutlich nie wirklich klären lassen. Zweifelsohne gibt es jedoch in der Neuen wie in der Alten Welt den einen oder anderen Methusalem, der sich rühmen darf, zu den ersten gehört zu haben. Beispielsweise der College Air Park im US-Bundesstaat Maryland, der 1909 nach einem Besuch des Flugpioniers Wilbur Wright gegründet worden war und sich heute als der älteste noch in Betrieb befindliche Airport (wenn auch für die Allgemeine Luftfahrt) preist. Diesseits des Atlantiks öffnete im September 1909 der Berliner Flugplatz Johannisthal, damals noch Motorflugplatz Johannisthal-Adlershof geheißen, seine Tore. Er gilt mit Fug und Recht als der älteste Lufthafen Deutschlands. Hier wurde der berühmte „Lanz-Preis der Lüfte“ vergeben, den der Magdeburger Hans Grade mit seinem Dreidecker am 30. Oktober 1909 gewann.

In Deutschland hatte man sich zunächst deutlich mehr mit der Entwicklung von Luftschiffen – deren berühmtester Vertreter dürfte der nach seinem Konstrukteur Ferdinand Graf Zeppelin benannte „Zeppelin“ sein – denn von Flugzeugen beschäftigt. Für die Luftschiffe mussten schon früh spezielle Bauwerke, die Luftschiffhallen, errichtet werden, um sie während längerer Bodenzeiten zu fixieren und vor Wind und Wetter zu schützen. Bereits Ende 1909 war mit der Deutschen Luftschifffahrts Aktiengesellschaft (DELAG) die erste Fluggesellschaft der Welt gegründet worden, die ein festes Streckennetz aufwies und in den Jahren bis zum Ausbruch des Ersten Weltkrieges über 34.000 Passagiere beförderte. Um in Deutschland aber auch das Interesse an den neuartigeren Fluggeräten schwerer als Luft zu wecken, hatte der Mannheimer Industrielle Karl Lanz einen Preis in Höhe von 40.000 Mark für den ersten deutschen Flugzeugkonstrukteur, der sein Gerät

Nach dem Ersten Weltkrieg prägten bereits Ganzmetallflugzeuge wie diese Junkers F 13 vor Funchal auf Madeira das Bild.

Der Königsberger Flughafen Devau erhielt 1919 das erste, eigens für diesen Zweck konzipierte Fluggastgebäude, das zu beiden Seiten von je einem Hangar flankiert wurde.

nicht nur in Deutschland gebaut, sondern auch geflogen haben musste, ausgeschrieben.

Das junge 20. Jahrhundert muss eine aufregende Zeit gewesen sein, und das nicht nur für Abenteurer und die „tollkühnen Männer in ihren fliegenden Kisten", sondern auch für den braven Bürger. Diesseits und jenseits des Atlantiks wurden zahllose Flugschauen und Flugtage durchgeführt und immer neue Geschwindigkeits-, Strecken- und Höhenrekorde mit immer besser durchdachten Fluggeräten aufgestellt.

Zwar hatten den Flugpionieren zunächst ebene und von Bewuchs weitgehend freie Flächen mit kalkulierbaren Winden als Start- oder Landeplätze ihrer Fluggeräte gedient, doch mussten schon bald feste Standorte für die Flugübungen gefunden werden, denn die Flugschauen und -wettbewerbe zogen unzählige Besucher an. Daher verfügten diese frühen Plätze in erster Linie über kleine Holzschuppen, die als Hangars genutzt werden konnten, sowie über Tribünen, von denen aus die Zuschauer die Spektakel der Lüfte bewundern konnten. Aus den daraus resultierenden Einnahmen wiederum konnten die ersten Aerodrome finanziell überhaupt über Wasser gehalten werden. Nicht umsonst wurden viele Flugplätze auf alten Autorennstrecken, Vergnügungsparks, Exerzierplätzen oder Golfplätzen angelegt, die bereits eine rudimentäre „Infrastruktur" – plane Flächen sowie unter Umständen Zuschauertribünen und kleine Restaurantbetriebe – aufwiesen.

Während des Ersten Weltkrieges wurden die bestehenden Plätze und Luftfahrtgeräte den Militärs überstellt, die die Möglichkeiten der Luftfahrt vollends erkannten. Sie trieben die Entwicklung der jungen Flugzeugtechnik voran und richteten zahlreiche neue Flughäfen ein. Der Krieg öffnete auch den letzten Skeptikern die Augen für den Nutzen einer zivilen Luftfahrt, und so wurden schon kurz nach Kriegsende die ersten Fluggesellschaften gegründet. Die erste europäische Airline, die nach dem Krieg im August 1919 an den Start ging, war die während der Kriegsjahre gegründete britische Aircraft Transport and Travel Ltd. (AT&T). Aber

In London wurde 1920 der Flugplatz Croydon in Betrieb genommen, der nicht nur über ein für damalige Zeiten riesiges Abfertigungsgebäude verfügte, sondern auch einen Tower und ein gepflastertes Vorfeld aufwies. Sein Innenleben war nicht weniger spektakulär und gestattete einen Blick auf Wetterberichte oder die Uhrzeit in den verschiedenen Zeitzonen.

schon lange vor diesen Visionären hatte der Amerikaner P. E. Fransler im Januar 1914 im US-Bundesstaat Florida zwischen St. Petersburg und Tampa einen regelmäßigen Passagierdienst mit einem Benoist-Flugboot eingerichtet. Doch Fransler war seiner Zeit offenbar zu weit voraus, die Strecke rechnete sich nicht und musste nach wenigen Monaten eingestellt werden.

Die jungen Airlines teilten sich die bestehenden Plätze zunächst mit den Militärs, errichteten neue Gebäude für die Passagier- und Zollabfertigung oder rüsteten alte Hangars entsprechend um. Dennoch blieben sie noch relativ einfach. Die nötigsten infrastrukturellen Einrichtungen waren Hangars, Treibstoff- und Öllager, eine Telefonleitung sowie ein Windsack bzw. eine Windfahne.

Das erste richtige Passagierabfertigungsgebäude entstand 1919 am Königsberger Flughafen Devau. Architekt Hans Hopp vollbrachte damals eine Meisterleistung, denn es gab natürlich keine Vorlagen für derartige Bauwerke. Das Verwaltungsgebäude flankierte er zu beiden Seiten mit je einem Hangar, deren geschwungene Dächer dem Gebäudekomplex aus der Ferne das Aussehen eines riesigen Vogels mit ausgebreiteten Schwingen verliehen.

Ähnlich frühen Datums ist der alte Londoner Flugplatz Croydon, der 1920 seine Pforten öffnete. Er erhielt zwischen 1926 und 1928 das damals größte Passagierabfertigungsgebäude der Welt sowie bereits einen Kontrollturm. Gewöhnlich musste sich die Flugleitung bis dahin mit einem Holzgestell begnügen, von dem aus

BERLIN

FLUGHAFEN BE

die ankommenden Flugzeuge mit Fernglas und nach Gehör geortet wurden, oder von dem aus den Piloten mittels einer Startfahne freie Bahn gewährt wurde.

Kurz danach entstand auf dem alten Berliner Exerzierplatz Tempelhofer Feld, der eingeebnet, befestigt und mit zwei Flughallen versehen wurde, einer der berühmtesten und größten Flughäfen Europas: Berlin Tempelhof nahm am 8. Oktober 1923 den Flugbetrieb auf, wurde 1926 Sitz der neu gegründeten Luft Hansa, erhielt 1927 als einer der ersten Flughäfen weltweit einen U-Bahnanschluss und führte in den 1930er-Jahren die Crème de la Crème unter den europäischen Airports an. 1934 sah Tempelhof bereits 200.000 Fluggäste, und im gleichen Jahr plante Architekt Ernst Sagebiel die Erweiterung, die in den folgenden Jahren in der berühmten und heute unter Denkmalschutz stehenden, 1,2 Kilometer langen bogenförmigen Terminalanlage resultierte. Das Abfertigungsgebäude von Tempelhof wurde das damals größte Gebäude der Welt – immerhin sollte es bis zu sechs Millionen Passagiere pro Jahr fassen.

Neue Anforderungen

Für den Flugbetrieb waren zunächst einfach nur besonders große Flächen vorgesehen, auf denen die Flugzeuge je nach Windrichtung starten bzw. landen konnten. Schon bald aber wurden festgelegte Streifen eingerichtet, die in der vorherrschenden Windrichtung angelegt waren und meist von einem zweiten Landestreifen gekreuzt wurden. Dies war eine durch das steigende Flugaufkommen bedingte Notwendigkeit, um Chaos und Unfälle zu vermeiden.

Mit fortschreitender Technik änderten sich auch die Anforderungen an die physische Beschaffenheit der Start- und Landebahnen. Die Graspisten der Anfangsjahre wurden schon bald mit Schotter befestigt, um sie

1923 wurde Deutschlands berühmtester Flughafen auf dem Tempelhofer Feld eröffnet. Er war mit seiner Lichtanlage, mittels derer der Flugverkehr geregelt wurde, auf dem neuesten Stand der Technik und bot darüber hinaus alle Annehmlichkeiten eines Airports von Weltrang: Gewaltige Abfertigungseinrichtungen, befestigte Vorfelder und Rollwege, eine elegante Vorfahrt und beste Gastronomie.

In großen Hafenstädten wie Lissabon, hier der Hafen des alten Stadtteils Belem, wo eine mit Schwimmern versehene Junkers G 24 liegt, entstanden die später so wichtigen Landflughäfen erst in den dreißiger und vierziger Jahren. Bis dahin wurde vor allem der Langstreckenverkehr mit Flugbooten durchgeführt.

weniger anfällig für Nässe zu machen. Größere und schwerere Flugzeuge – 1918 beispielsweise entwickelte Hugo Junkers das erste Ganzmetall-Verkehrsflugzeug der Welt, die F 13, die wie ein Jahrzehnt später auch seine Ju 52 lange Zeit das Rückgrat vieler ziviler Flotten in aller Welt bildete – benötigten sowohl längere Startrollstrecken als auch festere Landestreifen, so dass die Bahnen ab den dreißiger Jahren häufig gepflastert wurden. Asphaltierte Pisten kamen dagegen erst nach dem Zweiten Weltkrieg auf. Doch die ersten internationalen Flugplätze wie Berlin-Tempelhof oder London-Croydon verfügten bereits in den zwanziger Jahren über ein gepflastertes Vorfeld, um den Fluggästen den Weg vom Flughafengebäude zum Flugzeug weitgehend trockenen Fußes zu ermöglichen.

Die frühen Runway-Systeme dieser Airports wiesen meist zwei Start- und Landebahnen auf, die in der Form eines Kreuzes, T- oder L-förmig angelegt waren. Verkehrsflugzeuge der neueren Generation, die heutzutage im Einsatz und weit weniger windanfällig als ihre Vorfahren sind, erlauben dagegen die Anlage von Parallelpistensystemen, deren Bahnen nicht selten zeitgleich genutzt werden können.

Der Einsatz der ersten düsengetriebenen Verkehrsflugzeuge Ende der fünfziger Jahre stellte neue Erfordernisse an die Flughafenplaner. Waren die Pisten auch schon früher wegen neuer, größerer, schwererer und schnellerer Flugzeugmuster verlängert worden, so musste nun auch der Untergrund ganz anderen Belastungen standhalten. Dies ist übrigens ein Problem, das die Flughafenplaner auch heute noch immer wieder vor neue Herausforderungen stellt. So hatten Flugzeuge wie der Airbus A340-600 wegen seines größeren Radstandes oder die Boeing 777-300ER wegen ihres höheren Gewichts pro Reifen Modifizierungen des Runway- und Rollwegsystems erfordert – erstere bedingte großzügiger ausgelegte Kurven, letztere verlangte nach einem festeren Untergrund. Das neue Großraumflugzeug A380 jedoch, das alle bislang da gewesenen Dimensionen sprengt, stellte dagegen eher die Terminalplaner vor ein Problem, da viele Gates umgebaut werden mussten, um das Ein- und Aussteigen der

Dinner Key in Miami war einer der größten Seeflughäfen der Welt. Von hier aus schickte Pan Am ab 1933 ihre berühmten Flugboote, die Clipper, auf die Langstrecke.

Passagiere in beziehungsweise aus dem riesigen Vogel zu optimieren.

Genauso verändert wie die Struktur der Start- und Landebahnsysteme hat sich auch das Aussehen der Flughallen. War die Architektur der Abfertigungsgebäude in den Anfangsjahren noch weitgehend an die von Bahnhofsgebäuden angelehnt, so änderte sich dies bald. Vom Prinzip her gab es zunächst zwei Arten von Terminals: Entweder eine Art Multifunktionsgebäude, in dem die Warteräume für die Passagiere, Büros und Hangars gleichermaßen untergebracht wurden, wie in Los Angeles oder New York Newark, oder aber reine Abfertigungsgebäude wie das von Pan Am in Miami.

Aber schon bald mussten die Flughafenplaner lernen, dass ein Airport auch ausbaufähig sein und an ein höheres Passagieraufkommen angepasst werden musste. Keilförmige Bauten, die bei Bedarf erweiterbar waren, kamen ab Mitte der dreißiger Jahre auf, doch die Architekten schufen auch futuristische Entwürfe, die nie verwirklicht wurden. Und bereits damals schwebte den Planern die Funktion der Flughäfen als multimodale Verkehrsdrehscheiben vor. Entwürfe aus den späten zwanziger Jahren zeigen bereits Airports, die an das Straßen- und Schienennetz sowie an einen Seehafen angebunden sind und nicht nur Einrichtungen für die Abfertigung von Landflugzeugen, sondern auch von Flugbooten aufweisen.

Diesen kam im Laufe der dreißiger Jahre ohnehin eine wachsende Bedeutung zu, denn mit ihnen konnten interkontinentale Langstrecken bedient werden, die etappenweise zurückgelegt wurden, ohne auf Landflughäfen angewiesen zu sein – zumal mit den Seehäfen bereits eine hervorragend ausgebaute und seit Jahrhunderten bewährte Infrastruktur existierte. Vor allem Imperial Airways aus Großbritannien und Pan Am aus den USA machten mit ihren Atlantik- bzw. Pazifikflügen Furore, doch der Ausbruch des Zweiten Weltkrieges brachte diesen Interkontinentalverkehr, der Ende der Dreißiger seinen Höhepunkt erreicht hatte, gänzlich zum Erliegen.

Einer der größten Seeflughäfen überhaupt war die Pan-Am-Basis Dinner Key in Miami, die ab 1933 einen

1912 wurde der Flughafen Frankfurt-Rebstock eröffnet. Er wies Mitte der 1920er-Jahre regelmäßige Liniendienste auf und wurde für die 1926 gegründete Deutsche Luft Hansa AG in Berlin zu einem wichtigen Stützpunkt. Erst 1936 wurde der Platz am Rebstock aus Raummangel aufgegeben.

Amsterdam-Schiphol war 1916 als militärischer Platz im Haarlemmermeer gegründet worden. Ab Ende 1920 wurde er für die zivile Nutzung freigegeben, und 1935 erhielt er asphaltierte Start- und Landebahnen.

Teil der Flugboot-Flotte der Fluggesellschaft aufgenommen hatte und als Startflughafen nach Südamerika diente. Nach dem Zweiten Weltkrieg, als auch die Ära der Flugboote zu Ende gegangen war, wurde der Flug- in einen Jachthafen und das große Terminal zum Rathaus der Stadt Miami umfunktioniert.

Zu jener Zeit begann der Luftverkehr bis dahin ungeahnte Ausmaße anzunehmen. Immer mehr Menschen griffen auf das Flugzeug als Verkehrsmittel zurück, doch noch überwog der sogenannte Punkt-zu-Punkt-Verkehr. Entsprechend wurden die Flughäfen, die nun entstanden oder ausgebaut wurden, ausgelegt; das Ziel war vor allem, möglichst kurze Wege vom Auto bis zum Abflugsteig zu schaffen. Die Folge waren Abfertigungsgebäude mit fingerartigen Piers oder sternförmige Terminals, die den Vorteil hatten, dass die Passagiere in einem zentralen Bereich abgefertigt wurden und sich dann zu den Fingern oder Zacken des Sterns begaben, wo die Flugzeuge direkt andocken konnten. Diese Variante wurde beispielsweise in Chicago O'Hare, Amsterdam-Schiphol, Berlin-Tegel oder Köln/Bonn angewandt. Weiterentwickelt wurde dieses Design durch ausgelagerte Satelliten, die sich rund um ein Abfertigungsgebäude scharten, so geschehen in Paris CDG, dessen rundes Terminalgebäude von sieben trapezförmigen Satelliten umgeben ist. Eine weitere Alternative war das lineare Abfluggebäude, meist schlauchförmig und lang und mit kleinen Auswüchsen versehen, an denen die Flugzeuge parken. Sie waren dezentral ausgelegt, so

Der heute größte Flughafen der Welt, Atlanta, hatte seine Karriere im Jahr 1925 begonnen, aber erst Ende der dreißiger Jahre, als er noch Atlanta Municipal Airport hieß, überhaupt einen Kontrollturm erhalten.

dass mehrere Abfertigungshallen benötigt wurden, die jeweils zu einer begrenzten Anzahl von Gates führen. Ein gutes Beispiel hierfür ist das Terminal 1 des Münchener Flughafens, dessen Planungen bis in die 1960er-Jahre zurück reichen. All diese Varianten hatten zwar den Vorteil kurzer Wege für Ein- und Aussteiger, erwiesen sich jedoch als problematisch beim Ausbau bzw. mit zunehmendem Umsteigerverkehr als unpraktisch, da sie zu weitläufig waren.

Spätere Flughafen-Konzepte griffen dann – wie in Atlanta oder Denver – auf den Bau eines zentralen Abfertigungsgebäudes mit mehreren hintereinander angeordneten Satelliten zurück, die durch unter dem Vorfeld verlaufende Personentransportsysteme erreichbar sind. Zudem wurden viele Abfertigungsgebäude von vornherein „midfield“, also zwischen den Start- und Landebahnen angelegt, wo genügend Platz zur Expansion besteht; so geschehen unter anderem in London-Heathrow oder Paris-Orly. Ein weiteres Merkmal der modernen Flughäfen ist meist eine transparente Konstruktion aus Stahl und Glas, um lichtdurchflutete und weite Räume zu schaffen, die den Passagieren einen ungestörten Blick auf das Vorfeld ermöglichen und die den Airport umgebende Landschaft in das Terminal integrieren.

Derartiges hatte übrigens schon der berühmte Architekt Le Corbusier gefordert, der besessen von der Luftfahrt war und mit Piloten wie Antoine de Saint-Exupéry auf Reisen ging. Er erkannte schon in den 1930er-Jahren ein Problem, das heute vielen Airports zu schaffen macht und nicht selten ihre Schließung erfordert. Flughäfen, so fand er, sollten nicht in Städten gebaut werden, sondern weit außerhalb, denn „die Schönheit des Flughafens ist die Kraft der weiten, offenen Fläche“.

Erst vor wenigen Jahren musste man übrigens wieder einen derartigen Fall erleben, als im Oktober 2008 der Flughafen Tempelhof nach 85 Jahren fast ununterbrochenen Betriebes seine Pforten schloss. Die Ironie der Geschichte hat einen langen Arm: Vor fast 100 Jahren durfte der erste deutsche Flugplatz nicht auf dem Exerzierplatz Tempelhofer Feld entstehen, weil kurzsichtige Militärs dort keine Motorflieger wollten – weshalb er dann in Johannisthal eingerichtet wurde. Heute dagegen muss der berühmteste Flughafen Deutschlands seiner Bestimmung entsagen, weil inkompetente Politiker dort keine Luftfahrt wünschen. ■

Hartsfield-Jackson Atlanta International Airport

Der Gigant im „Alten Süden“

Unter den größten Flughäfen der Welt ist der von Atlanta eine Ausnahme. Und das nicht nur, weil er eben der größte ist – 88 Millionen Fluggäste im Jahr 2009 bzw. durchschnittlich knapp 240.000 pro Tag strömten durch seine Hallen –, sondern auch, weil er in der Region Atlanta der einzige ist: Anders als die Metropolen New York, Chicago, London, Paris oder Tokio verfügt der Großraum Atlanta, ja der gesamte „Alte Süden“ nur über ein einziges Einfalltor, an dem gleichermaßen Regionalverkehr und interkontinentaler Flugverkehr abgewickelt werden müssen. Und trotz seiner Größe wirkt er beim Blick auf die Airlines, die ihn nutzen, fast ein wenig provinziell. Denn gerade einmal eine Handvoll ausländischer Fluggesellschaften – Aeromexico, Air Canada, Air France, Air Jamaica, British Airways, KLM, Korean Air und Lufthansa – fliegen diesen größten Hub der Welt an; für rund 60 Prozent des gesamten Verkehrsaufkommens sorgt alleine die Heimatfluggesellschaft Delta Air Lines. Allerdings schrumpft deren Marktanteil vor Ort seit einigen Jahren: Noch 2008 zeichnete Delta samt ihren Töchtern und Partnern für rund 70 Prozent aller Flüge in Atlanta verantwortlich.

Das Gros der internationalen Dienste – ab ATL werden rund 230 Ziele, davon mehr als 80 internationale in 52 Ländern, angeboten – geht jedoch nach wie vor auf das Konto dieser drittgrößten Fluggesellschaft der Welt, die inzwischen nicht nur mit zusätzlichen Verbindungen nach Europa und Südamerika aufwartet, sondern vor

Voraussichtlich im Frühjahr 2012 wird am seit Jahren unangefochten weltgrößten Airport ein internationaler Terminalkomplex in Betrieb gehen. Die Ausschachtungen sind ebenso wie die Röhren für das unterirdische Personentransportsystem in der linken Bildhälfte gut zu erkennen.

allem Asien und besonders China im Visier hat. Und so wächst das internationale Verkehrsaufkommen in Hartsfield deutlich schneller als der Inlandsverkehr.

Dabei fing der Airport vor über 80 Jahren recht bescheiden an. Auf einer ausgedienten Autorennstrecke, die dem Coca-Cola-Magnaten Asa Candler gehörte, wurde 1925 ein Flugfeld errichtet, bekannt als Candler Field, das 1929 von der Stadt übernommen und in Atlanta Municipal Airport umbenannt wurde. 1930 nahm erstmals Delta Air Service, die Vorläuferin der heutigen Delta Air Lines, Dienste ab Atlanta auf, wo sie Regional- und Postflüge und wenige Jahre später auch ihr Hauptquartier einrichtete. Ein Kontrollturm wurde erst 1939 errichtet, und noch während des Zweiten Weltkrieges diente lediglich ein ausgedienter Hangar für Militärflugzeuge als Abfertigungsgebäude. 1957 wurden die Arbeiten für ein auf die Anforderungen des Jet-Verkehrs zugeschnittenes Terminal aufgenommen, das 1961 eröffnet wurde. Mit einer Jahreskapazität von sechs Millionen Passagieren war es zwar eines der größten Passagierabfertigungsgebäude der USA, doch schon im ersten Betriebsjahr erwies es sich bei einem Ansturm von über neun Millionen Fluggästen als zu klein.

Noch in den sechziger Jahren wurden daher Planungen für ein neues Terminal aufgenommen. Das Resultat ist der Airport in seiner heutigen Form: Ein 1980 eröffneter Midfield-Terminalkomplex für 55 Millionen Passagiere jährlich, der über ein automatisches Personentransportsystem mit fünf parallel hintereinander angeordneten Abflughallen, den Concourses T, A, B, C und D, verbunden ist, sowie vier parallelen Start- und Landebahnen, von denen die beiden äußeren primär für Starts und die beiden inneren für Landungen verwendet werden. 1994 kam der sechste, sogenannte Concourse E für internationale Flüge dazu, und zwei Jahre später erhielt Hartsfield mit dem dreigeschossigen Atrium, einer kuppelförmigen Halle innerhalb des Zentralterminals, sein Wahrzeichen, in dem zahlreiche Sofas und Sessel Passagiere wie Besucher zum Verweilen einladen.

Damals wurde auch mit der Entwicklung eines neuen Masterplans begonnen, der, von einem Wachstum auf 121 Millionen Fluggäste und 1,53 Millionen Tonnen Fracht im Jahr 2015 ausgehend, rund 6,2 Milliarden US-Dollar kosten soll. Im Rahmen dessen erfolgt über die gesamte Zeitspanne hinweg die schrittweise Modernisierung und Modifizierung der Einrichtungen des Hauptterminalkomplexes und der Concourses.

Im Mai 2006 wurde südlich der bestehenden Runways eine fünfte Start- und Landebahn (10/28) in Betrieb genommen, womit Hartsfield heute einer der wenigen Airports weltweit ist, an denen drei Runways simultan genutzt werden können. Gleichzeitig wurde auch ein neuer Kontrollturm – mit 121 Metern der höchste in den USA – eingeweiht.

Anschließend an Concourse E entstehen bis April 2012 das nach dem ersten farbigen Bürgermeister von

Die Heimatfluggesellschaft Delta Air Lines und ihre Töchter zeichnen in Atlanta für rund 60 Prozent des Verkehrsaufkommens verantwortlich.

Atlanta benannte Maynard Holbrook Jackson, Jr. International Terminal (MHJIT) mit 28 Gates und einer eigenen Zufahrt für den Personenverkehr sowie ein neuer Concourse F mit weiteren zwölf Gates.

Zu guter Letzt ist ganz im Süden des existierenden Runwaysystems ein sogenannter South Terminal Complex mit bis zu 70 Gates im Masterplan verzeichnet, der ebenfalls über ein automatisiertes Personentransportsystem mit dem Hauptterminalkomplex verbunden sowie über eigene Zufahrten von den Haupt-Highways aus erreichbar sein könnte. Ob und wann dieser Komplex realisiert wird, steht jedoch nicht fest.

Ebenso wie die derzeit im Bau befindlichen Projekte wird auch dieses potentielle Südterminal mit dem großzügigen U-Bahnnetz der Stadt Atlanta (MARTA – Metropolitan Atlanta Rapid Transit Authority) verbunden sein. MARTA trägt ebenfalls zur Ausnahmestellung von Hartsfield unter den US-Flughäfen bei, denn nur wenige Airports in den USA verfügen über eine derart schnelle und günstige Anbindung an ihre Stadt: Bei einem vernünftigen Preis-Leistungs-Verhältnis – 2,25 US-Dollar pro Strecke – dauert die U-Bahnfahrt in die etwa 13 Kilometer entfernte Metropole gerade einmal 20 Minuten. Südwestlich des Airports befindet sich ein Mietwagenzentrum, in dem alle in Hartsfield angesiedelten Leihwagenfirmen gebündelt sind und das über ein People-Mover-System mit dem Hauptterminalkomplex verbunden ist.

Wie in vielen anderen Metropolen ist auch in Atlanta eine Diskussion um einen zweiten Airport entbrannt. Eine Studie soll künftige Expansionsszenarien für den größten Flughafen der Welt aufzeigen, doch was auch immer das Ergebnis sein wird, kann frühestens in zwei Jahrzehnten Gestalt annehmen. ■

Der Satellit Concourse A steht ausschließlich Delta Air Lines zur Verfügung.

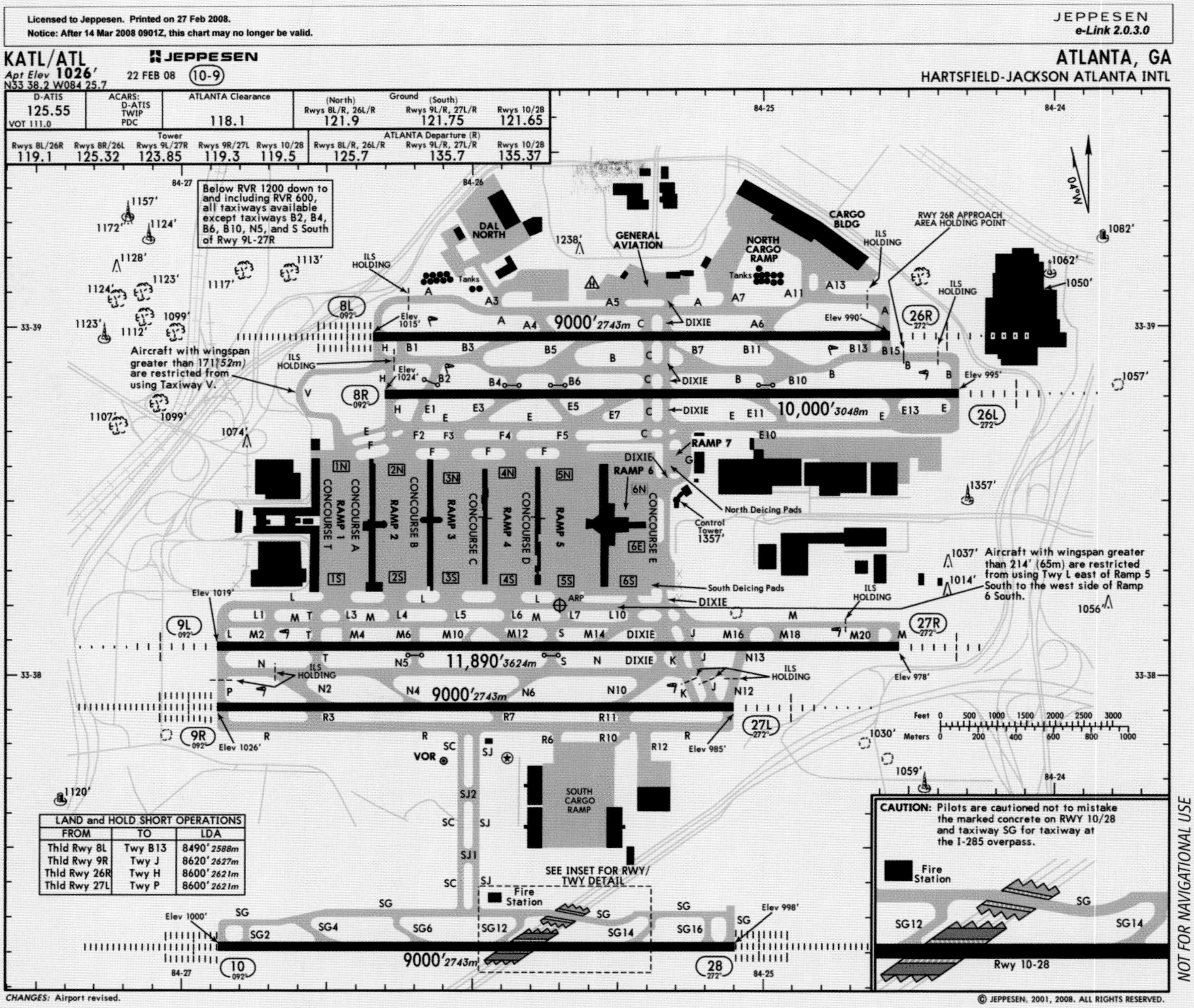

Hartsfield-Jackson Atlanta International Airport

Eröffnet	1925
IATA-Code	ATL
Eigentümer	City of Atlanta
Betreibergesellschaft	Atlanta Department of Aviation
Heimatfluggesellschaft	Delta Air Lines, AirTran Airways
Geograph. Lage	33°38'12"N, 84°25'41"W
Höhe über NN	313 m
Fläche	1.902 ha
Terminals	1 Hauptterminal mit 5 Satelliten: T, A, B, C, D, E
Gates	199
Flugzeugparkpositionen	184

Start- und Landebahnen	8L CAT IIIb / 26R, CAT I, 2.743 m, 08R CAT II / 26L CAT II, 3.048 m, 09L CAT I / 27R CAT I, 3.624 m, 09R CAT IIIb / 27L CAT I, 2.743 m, 10 CAT II/28 CAT II, 2.743 m
Flughafenmitarbeiter	ca. 58.000
Passagiere	88.032.086
Flugbewegungen	970.235
Fracht	563.139 t
Betriebszeiten	24 h
Homepage	www.atlanta-airport.com

Blechkoffer als künstlerische Beiträge verschönern selbst die Parkhäuser in ATL. Pinguine dagegen sind nur auf den tierischen Flugzeugen von Frontier Airlines zu bewundern.

Was jahrelang als Stolz und künftiges Juwel der britischen Luftfahrt gepriesen worden war, wandelte sich innerhalb weniger Stunden zur „Schande der Nation“. Das neue Terminal 5 in London-Heathrow, das 20 Jahre lang geplant und sechs weitere gebaut worden war, dessen Eröffnung nicht nur Heathrows Heimatfluggesellschaft British Airways sehnsüchtig erwartet hatte – seine Inbetriebnahme ging so gründlich daneben wie nur irgend möglich. Die moderne Gepäckförderanlage – 18 Kilometer Band – mit defekter Software legte das Abfertigungsgebäude an seinem ersten Betriebstag am 27. März 2008 praktisch lahm. In den ersten Tagen mussten insgesamt mehr als 245 Flüge von British Airways gestrichen werden, und Passagiere, die das Glück hatten, dennoch befördert zu werden, erreichten ihr Ziel in der Regel ohne Gepäck. Rund 28.000 Koffer blieben in den Eingeweiden des Neubaus hängen und konnten teilweise erst Wochen später ihren Eigentümern zugestellt werden.

TOP 100 NO. 2

London Heathrow Airport

Der Internationale

Die skandalträchtigen Geschichten, die noch Tage nach der Eröffnung aus London-Heathrow zu hören waren, konnten nur Wasser auf die Mühlen so mancher Passagiere gewesen sein, die dem größten der fünf Londoner Flughäfen – neben Heathrow gibt es noch Gatwick, Stansted, Luton und den City Airport – nicht eben wohl gesonnen waren. Denn LHR, so der IATA-Code für den Airport, der weltweit die meisten internationalen Fluggäste abfertigt, ist auch einer der ungeliebtesten Flughäfen, wie Passagierumfragen immer wieder beweisen. Grund dafür sind die mehr als beengten Verhältnisse, unter denen die Fluggesellschaften in Heathrow bis dato arbeiten mussten, denn die infrastrukturellen Einrichtungen vor Ort, so wie sie vor der Eröffnung von Terminal 5 bestanden, waren auf die Abfertigung von 45 bis 55 Millionen Fluggästen jährlich ausgelegt. 2007 jedoch waren es 68 Millionen Passagiere, davon 90 Prozent (!) international Reisende. Die qualvollen Platzverhältnisse, vor allem in den älteren Terminals 1, 2 und 3 wurden zudem durch die zahllosen Einkaufsmöglichkeiten hinter den Sicherheitskontrollen strapaziert. Denn die Betreiberin der Londoner Flughäfen, BAA, erzielt weit über die Hälfte ihrer Umsätze durch Einnahmen aus dem sogenannten Non-Aviation-Geschäft, also aus Segmenten, die nichts mit dem eigentlichen Flugbetrieb zu tun haben.

Terminal 5 mit seiner Jahreskapazität von 30 Millionen Passagieren sollte den größten Problemen in Heathrow – die Enge, die Verspätungen, die Warteschlangen – den Stachel nehmen und zumindest den Fluggästen von British Airways und ihren Partnerfluggesellschaften aus der Oneworld-Allianz das Fliegen wieder versüßen. Denn die waren bislang auf die verschiedenen Terminals in LHR verteilt und sollten nach und nach umziehen in das Terminal 5 am nächsten gelegene frisch renovierte Terminal 4, und so in den übrigen Abfertigungsgebäuden Platz schaffen. Doch so ganz entspannt sich die Lage vor Ort noch nicht, weil in LHR nach wie vor gebaut wird. Seit 2008 entsteht auf dem Areal des alten Terminals 1 aus dem Jahr 1968 ein neuer, auf bis zu 30 Millionen Fluggäste ausgelegter

Auf rund 1.200 Hektar Fläche quetscht sich die Infrastruktur des größten Londoner Flughafens. Die Abfertigungseinrichtungen wurden „midfield" zwischen den beiden Start- und Landebahnen angelegt.

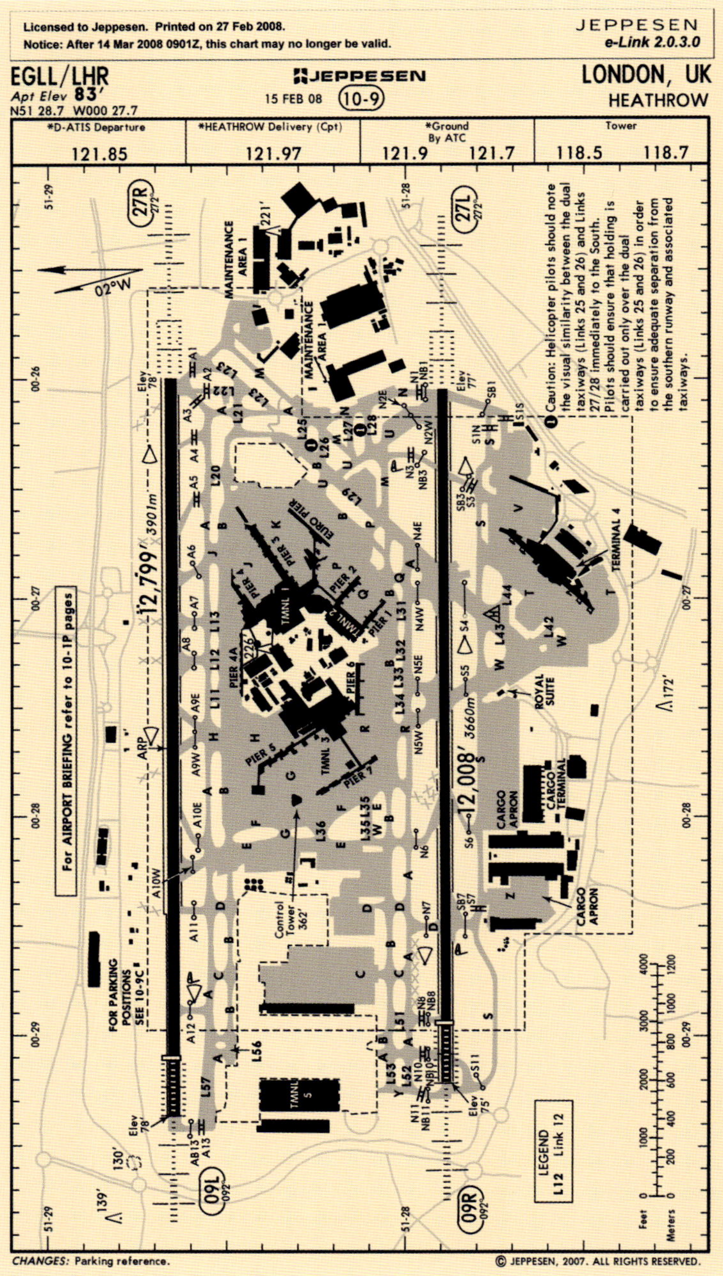

London Heathrow Airport

Eröffnet	1930
IATA-Code	LHR
Eigentümer	BAA
Betreibergesellschaft	BAA
Heimatfluggesellschaft	British Airways
Geograph. Lage	51°28'39"N, 0°27'41"W
Höhe über NN	24,3 m
Fläche	1.227 ha
Start- und Landebahnen	09R CAT III/27L CAT III, 3.658 m 09L CAT III/27R CAT III, 3.902 m
Terminals	5
Gates	› 112
Flugzeugparkpositionen	264
Flughafenmitarbeiter	72.000
Passagiere	66.037.578
Fracht	1.349.571 t
Flugbewegungen	466.393
Betriebszeiten	24 h
Homepage	www.baa.com

Der Betrieb von British Airways sorgt zum Großteil für die knapp 34 Prozent Umsteiger in Heathrow.

East Terminal genannter Komplex. Dieser soll nach seiner Eröffnung 2012 schrittweise auch auf das Gelände des noch existierenden Terminals 2 aus dem Jahr 1955 erweitert werden. Die Träume der Betreiber gehen weiter und erstrecken sich auf ein potentielles Terminal 6 im Norden des Flughafenareals, dessen Bau jedoch erst jenseits von 2015 eingeleitet werden soll und das die Kapazitäten auf bis zu 116 Millionen Flugreisende im Jahr 2030 erhöhen könnte. Ausgegangen wird davon, dass das Jahr 2015 insgesamt 87 Millionen Passagiere bei 480.000 Flugbewegungen bringen werde, mit einer Steigerung auf 90 bis 95 Millionen Fluggäste bis 2030. Ob diese Prognosen allerdings stichhaltig sind, wird sich zeigen. Problematisch ist die Situation in Heathrow nämlich vor allem, weil erst vor Kurzem der dringend notwendige Bau einer dritten Runway aufgrund massiver Proteste ad acta gelegt worden ist. Ohne diese Runway lässt sich das Passagieraufkommen vor Ort jedoch nur mehr durch den vermehrten Einsatz von Großraumflugzeugen steigern.

1947, ein Jahr nach seiner zivilen Öffnung, verfügte Heathrow über drei Start- und Landebahnen, während sich drei weitere im Bau befanden. Die ältesten allerdings waren rein auf die Nutzung von Propellerflugzeugen ausgelegt und zu kurz für die Ende der 50er-Jahre aufkommenden Jets. Heute werden in LHR nur die beiden Bahnen 27R/09L und 27L/09R genutzt, und zwar zum Schutz der Anwohner abwechselnd: Auf einer Runway finden ausschließlich Starts, auf der anderen die Landungen statt, ab drei Uhr nachmittags wird gewechselt. Zusätzlich werden die Starts, soweit es die Windverhältnisse zulassen, nach Westen, weg von den Wohngebieten, durchgeführt. Die Querwindbahn 23/05 wurde vor einigen Jahren geschlossen und zum Rollweg umfunktioniert. Unter den jetzigen Verhältnissen jedoch – das Start- und Landebahnsystem ist zu 98 Prozent ausgelastet – wird überlegt, die beiden Parallelbahnen voll sowohl für Starts als auch für Landungen zu nutzen. Auf diese Weise könnten die Kapazitäten von den derzeit 480.000 möglichen Flugbewegungen auf 550.000 pro Jahr gesteigert werden.

Nicht nur die Platzverhältnisse sind ein Problem, sondern auch Slots sind ein seltenes Gut in Heathrow. Neue Fluggesellschaften haben es schwer, Zeitfenster für Starts und Landungen zu ergattern; in der Regel müssen sie diese von anderen Airlines kaufen. Und gerade Slots werden derzeit so stark nachgefragt wie noch nie, denn die jahrelangen Restriktionen im Transatlantikverkehr – nur British Airways, Virgin Atlantic, American Airlines und United Airlines durften Flüge ab Heathrow in die Vereinigten Staaten anbieten – wurden zum 30. März 2008 im Rahmen eines neuen sogenannten Open-Skies-Abkommen zwischen Europa und den USA aufgehoben. Nun ist der lukrative Markt ab Heathrow offen, und zahlreiche europäische und US-Fluggesellschaften haben neue Dienste zwischen diesen beiden Märkten aufgenommen.

Tatsächlich ist New York JFK die wichtigste internationale Destination ab Heathrow, gefolgt von Dubai, Dublin, Amsterdam und Hongkong. Für ankommende Passagiere wiederum dürfte die Innenstadt von London das interessanteste Ziel der Reise sein. Heathrow ist neben dem zentralen City Airport übrigens der einzige Londoner Flughafen, der noch innerhalb der Grenzen des Großraums London liegt. Für die Anbindung an die Paddington Station in der City sorgen der Heathrow Express, der alle 15 Minuten die fünf Terminals anfährt, Heathrow Connect im halbstündigen Rhythmus sowie die U-Bahn-Linie Picadilly Line, die bis zu 50 Minuten in die Londoner Innenstadt braucht. ■

Stolz und Schande der Nation: Terminal 5 wurde im März 2008 eröffnet und in den darauf folgenden Monaten stufenweise von British Airways und ihren Partnern in Betrieb genommen.

AIR CHINA
四川航空
美在四川
情系两岸

TOP 100 NO. 3

Beijing Capital International Airport

Auf der Überholspur

Ebenso wie das Land China, das mittelfristig eine Spitzenstellung in der Weltwirtschaft anstrebt, befindet sich auch seine Hauptstadt Beijing auf der Überholspur. Und das äußert sich nicht zuletzt am größten Flughafen der Stadt (und des Landes), denn der Beijing Capital International Airport hat innerhalb eines Jahrzehnts den Sprung aus weitgehender Bedeutungslosigkeit in das Spitzentrio der Weltrangliste geschafft. Allein im Jahr 2004 hatte er um über 43 Prozent von 24 Millionen auf 35 Millionen Fluggäste zugelegt. 2005 waren es sechs Millionen Passagiere oder 17,5 Prozent mehr, 2006 war PEK erneut um 18,7 Prozent auf 48,6 Millionen Fluggäste gewachsen, und 2007 hatte er mit 53,7 Millionen Passagieren erstmals die 50-Millionen-Grenze gesprengt. Für 2008 rechneten die Betreiber des neuntgrößten Airports der Welt bereits mit 65 Millionen Passagieren; zu diesem Höhenflug sollten die Olympischen Sommerspiele beitragen, auf die alle Bau- und Verbesserungsmaßnahmen der letzten Jahre in Stadt und Land ausgerichtet waren. Doch der erwartete Ansturm war ausgeblieben, und so konnte PEK in jenem Jahr nur ein moderates Wachstum von 4,4 Prozent auf knapp 56 Millionen Fluggäste verzeichnen. Erst 2009 ging es mit einem Passagierplus um gut 17 Prozent wieder richtig aufwärts.

Seit der wirtschaftlichen Öffnung des Riesenreichs, die rund zwei Jahre nach dem Tod Mao Zedongs durch dessen Nachfolger Deng Xiaoping 1978 behutsam eingeleitet worden waren und zur sogenannten sozialistischen Marktwirtschaft geführt hatte, war der Wohlstand im Land unaufhaltsam gewachsen. Hinter dessen Entwicklung hinkte die der Infrastruktur stets her, auch

Wie die Schuppen auf einer Drachenhaut ist das Dach von Terminal 3 mit seinen vorspringenden Lichtschächten gestaltet. Das neue Fluggastgebäude konnte, ebenso wie der knapp 100 Meter hohe Kontrollturm, rechtzeitig zu den Olympischen Sommerspielen 2008 in Betrieb genommen werden.

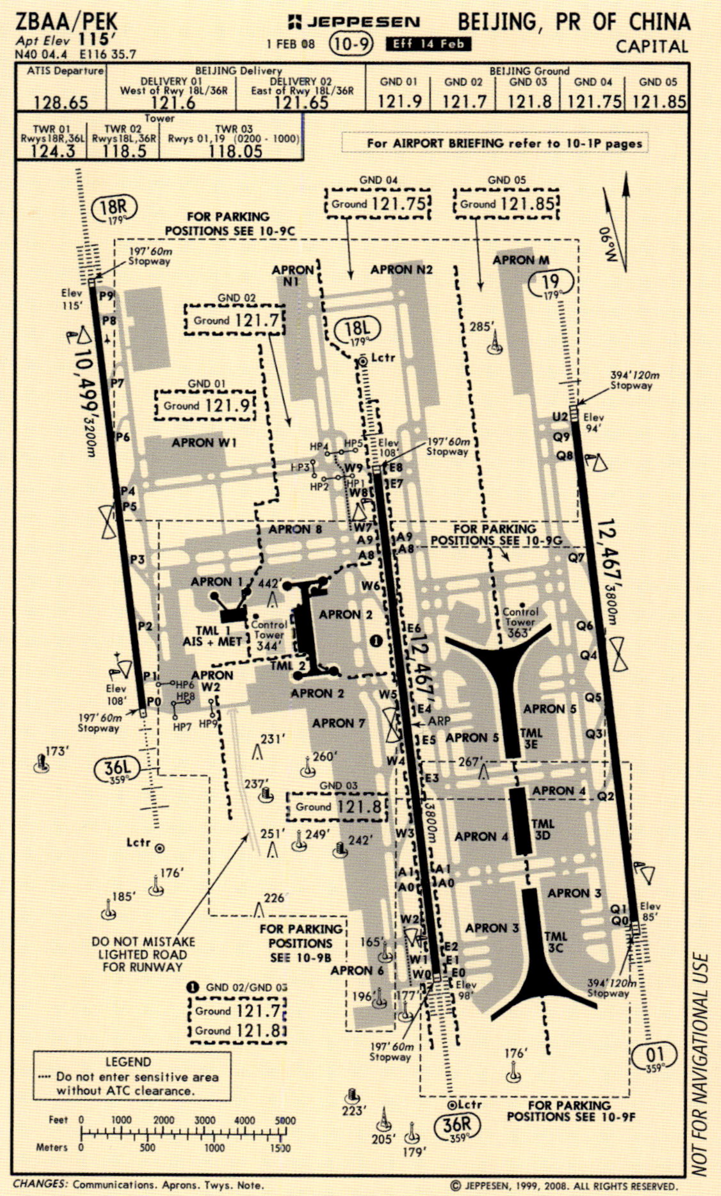

Beijing Capital International Airport	
Eröffnet	1958
IATA-Code	PEK
Eigentümer	CAHC 65 %, ADP 6,59 %, Rest: Streubesitz
Betreibergesellschaft	BCIA
Heimatfluggesellschaft	Air China
Geograph. Lage	40°04'48"N, 116°35'04"O
Höhe über NN	35 m
Fläche	961 ha
Start- und Landebahnen	18R/36L, 3.200 m 18L/36R CAT II, 3.800 m 01/19, 3.800 m
Flughafenmitarbeiter	1.997
Passagiere	65.372.012
Flugbewegungen	488.505
Fracht	1.475.649 t
Terminals	3
Gates	ca. 120
Flugzeugparkpositionen	k. A.
Betriebszeiten	24 h
Homepage	www.bcia.cn

Tradition und Moderne versuchen Architektur und Inneneinrichtung des neuen Terminals 3 am chinesischen Hauptstadtflughafen zu verbinden.

wenn seit der Jahrtausendwende zigtausende Auto- und Eisenbahnkilometer gebaut worden sind.

Ebenso wenig konnte der Beijing Capital International Airport, der 1958 in Betrieb genommen worden war, mit dem Luftverkehrswachstum Schritt halten, und das Gedränge, das noch Anfang 2008 in seinen Abfertigungseinrichtungen geherrscht hatte, ist nur schwer vorstellbar. Denn ausgelegt waren diese – das neuere, erst 1999 eingeweihte Terminal 2 sowie das ältere, aus dem Jahr 1980 stammende und grundrenovierte Terminal 1 – auf lediglich 36 Millionen jährliche Fluggäste!

Abhilfe schuf das neue Terminal 3 aus der Feder des Londoner Star-Architekten Sir Norman Foster, das als das größte überdachte Gebäude der Welt galt. Es erstreckt sich über 986.000 Quadratmeter, besteht aus einem Hauptterminal (3C) sowie zwei Satelliten (3D und 3E) und hält Abfertigungskapazitäten für 50 Millionen Fluggäste bereit. Angelegt in Form zweier einander gegenüberliegender „Y“, deren untere Schenkel sich berühren, sind die drei Teile des Abfertigungsgebäudes durch zwei Rollwege getrennt. Während Terminal 3C für Inlandsflüge vorgehalten wird, dienen 3D und 3E als internationale Abfertigungsgebäude. Die Form des Terminals aus der Vogelperspektive soll an die eines Drachen erinnern, die Farbgebung dagegen orientiert sich an den Rot- und Goldtönen, die in der Verboten Stadt dominieren; das Rot, in dem das Dach des über zwei Kilometer langen Abfertigungsgebäudes erstrahlt, bedeutet in China Glück.

Das drei Milliarden US-Dollar teure Bauwerk wurde in weniger als vier Jahren errichtet und Anfang 2008 in zwei Phasen in Betrieb genommen: Ende Februar wurde mit der Eröffnung der Probebetrieb gestartet, vier Wochen später war es betriebsbereit und konnte sukzessive von Air China sowie den Mitgliedern der Star Alliance und der Oneworld-Allianz bezogen werden.

Noch ist der Airport vor allem auf den nationalen Flugverkehr ausgerichtet. Rund 80 Prozent der Passagiere stammen aus dem Origin-&-Destination-Verkehr; der Anteil der Umsteiger ist gering. Dementsprechend ist die mit Abstand größte Fluggesellschaft vor Ort Air China, die hier einen Marktanteil von 38 Prozent hält und PEK zu ihrem internationalen Drehkreuz ausbauen will. Als Mitglied der Star Alliance wird ihr das vermutlich auch gelingen, zumal ihre Partnerfluggesellschaften für rund 40 Prozent der Passagiere, die alle 57 ausländischen Fluggesellschaften vor Ort zusammen generieren, verantwortlich sind. Auf Air China folgen China Southern Airlines und China Eastern Airlines, die beide in Terminal 2 angesiedelt sind, sowie als Nummer vier die besonders farbenfrohe Hainan Airlines, deren Flüge vom Inlandsterminal 1 abgehen.

Kein Wunder, dass die absoluten Rennstrecken ab dem Hauptstadtflughafen denn auch die Inlandsrouten sind: Der Shuttle nach Schanghai führt vor den Diensten nach Guangzhou und Shenzhen, während die wichtigsten internationalen Dienste nach Hongkong, Seoul und Tokio gehen. Doch Beijing verfügt mittlerweile auch über ein beachtliches Langstreckennetz mit rund 100 internationalen (von insgesamt 213) Destinationen, dessen Hauptziele neben Frankfurt, Paris Charles de Gaulle und London Heathrow in Europa vor allem Los Angeles, New York, San Francisco, Chicago und Vancouver sind. Zudem wird Beijing zunehmend mit einer weiteren Boomregion, dem Nahen Osten, verbunden.

Entsprechend dem ständig wachsenden Verkehrsaufkommen wurde auch die übrige Flughafeninfrastruktur verbessert. Südlich vom neuen Terminal 3 entstand ein neuer 98 Meter hoher Kontrollturm, jenseits von ihm und parallel zum existierenden Parallelpistenpaar wurde Ende 2007 auch die dritte, 3.800 mal 60 Meter messende Start- und Landebahn fertig gestellt, mit deren Hilfe die Kapazitäten des Pistensystems auf rund 620.000 Flugbewegungen pro Jahr gesteigert werden konnten. Für den Bau der neuen Start- und Landebahn sowie des Terminals 3 mussten übrigens zigtausende von Flughafenanwohnern umgesiedelt werden.

Die drei Terminals werden durch Shuttle-Busse, die drei Segmente von Terminal 3 wiederum durch ein unterirdisches automatisches Personentransportsystem miteinander verbunden. Zudem wurde der Airport an das U-Bahnnetz der 25 Kilometer südwestlich liegenden Metropole angeschlossen – die Fahrt soll zwischen 15 und 20 Minuten dauern –, und er ist über vier Schnellstraßen erreichbar.

Spätestens im Jahr 2015 soll der Flughafen von Beijing erneut seine Kapazitätsgrenzen erreichen, so sehen es die Prognosen voraus. Ursprünglich war geplant, dass zu diesem Zeitpunkt bereits ein zweiter internationaler Airport mit Kapazitäten von 70 Millionen Fluggästen zur Verfügung steht. Im Sommer 2010 sollte mit dem Bau begonnen werden, dann aber wurde beschlossen, dieses Vorhaben erst einmal um einige Jahre zu verschieben und stattdessen eine vierte Piste zu bauen. ■

Westliche Marken neben fernöstlicher Symbolik und Formensprache prägen das Bild von Beijing Capital. Dennoch stammen die meisten Passagiere in PEK nach wie vor nicht aus dem Aus-, sondern aus dem Inland.

TOP 100 NO. 4

Chicago O'Hare International Airport

Das Kreuz mit den Pisten

Jahrzehntelang war er der größte – nicht nur in den USA, sondern weltweit. Doch getreu dem Motto „Wir hubben uns zu Tode" erstickte der Flughafen schließlich an seinem eigenen gigantischen Verkehrswachstum. Als einer der wenigen Airports weltweit ist O'Hare Drehscheibe für gleich zwei Fluggesellschaften: United Airlines, fünftgrößte Airline der Welt, hat in Chicago ihr Hauptquartier, und die Nummer 2 weltweit, American Airlines, unterhält in ORD nach ihrem Heimatflughafen Dallas / Ft. Worth ihr zweitgrößtes Drehkreuz, an dem sie die Flüge Richtung Europa und Asien bündelt. Doch die Verstopfung, die O'Hare den Spitzenplatz unter den weltgrößten Flughäfen zugunsten des Hartsfield-Jackson Atlanta International Airports gekostet hat, ging nicht so sehr auf das Konto dieser beiden größten Fluggesellschaften vor Ort als vielmehr auf das seiner im Laufe der Jahrzehnte gewachsenen und gewucherten Infrastruktur. Genauer gesagt, auf die Anlage seines Start- und Landebahnsystems, dessen Pisten sich mehrfach kreuz(t)en und daher nicht in dem Maße nutzbar waren, wie dies angesichts der weit über 900.000 jährlichen Flugbewegungen erforderlich gewesen wäre.

Doch als O'Hare, das 1955 für den zivilen Luftverkehr freigegeben worden war, um den bis dato internationalen Flughafen Chicago Midway zu entlasten, gebaut wurde, sah noch niemand seine rasante Entwicklung voraus. Bis zum Zweiten Weltkrieg frönten nämlich die Einwohner von Chicago auf dem heutigen Gelände von ORD der Fasanenjagd. Dann begann der US-Flugzeughersteller Douglas dort mit der Produktion seiner Transportflugzeuge C-54 und errichtete in den Jahren 1942 und 1943 den Werksflughafen Orchard Place Airport/Douglas Field. Nach dem Krieg konzentrierte sich Douglas auf seine Produktionsstätten an der Westküste, und die Stadt Chicago kaufte das Areal auf, um dort einen Inlandsflughafen mit vier Start- und Landebahnen, den Orchard Field Airport, einzurichten. Ein Relikt aus dieser Zeit ist das noch heute gebräuchliche IATA-Kürzel ORD, während der Airport selbst 1949 nach dem Air-Force-Piloten Edward „Butch" O'Hare benannt wurde. Zwei Jahre nach seiner Eröffnung wurde der Flughafen durch eine fünfte Start- und Landebahn erweitert, 1968 folgte die sechste Piste und 1971 Nummer sieben. Das Wachstum ging rasant weiter, und 1976 wurden bereits über 40 Millionen Passagiere gezählt. Gleichzeitig musste eine „Airport Delay Task Force" ins Leben gerufen werden, und um der Verspätungen Herr zu werden, wurde das Runway-System schließlich für drei simultane Flugbewegungen zugelassen. Dank der Deregulierung des US-amerikanischen Luftverkehrs im Jahre 1978 stieg das Aufkommen weiter an, und die Verspätungen, die erstmals in den siebziger Jahren ernste Maßnahmen erfordert hatten, nahmen Anfang dieses Jahrtausends derart überhand, dass 2004 die Zahl der Flugbewegungen zu den Tagesspitzenzeiten drastisch reduziert wurde.

Denn nicht nur mussten die Passagiere im Schnitt 20 Minuten, im Extremfall bis zu mehrere Stunden auf ihre Flüge warten, nein, die Verzögerungen wirkten sich auf den nationalen Flugverkehr aus, so dass wie in einer Kettenreaktion Airports in den gesamten Verei-

Die sich kreuzenden Start- und Landebahnen haben viel zu tun mit den Verspätungen, die O'Hare noch vor wenigen Jahren lahm gelegt hatten. Die Limitierung der Flugbewegungen wurde erst im Sommer 2008 wieder aufgehoben, nachdem die ersten Runways verlegt worden waren.

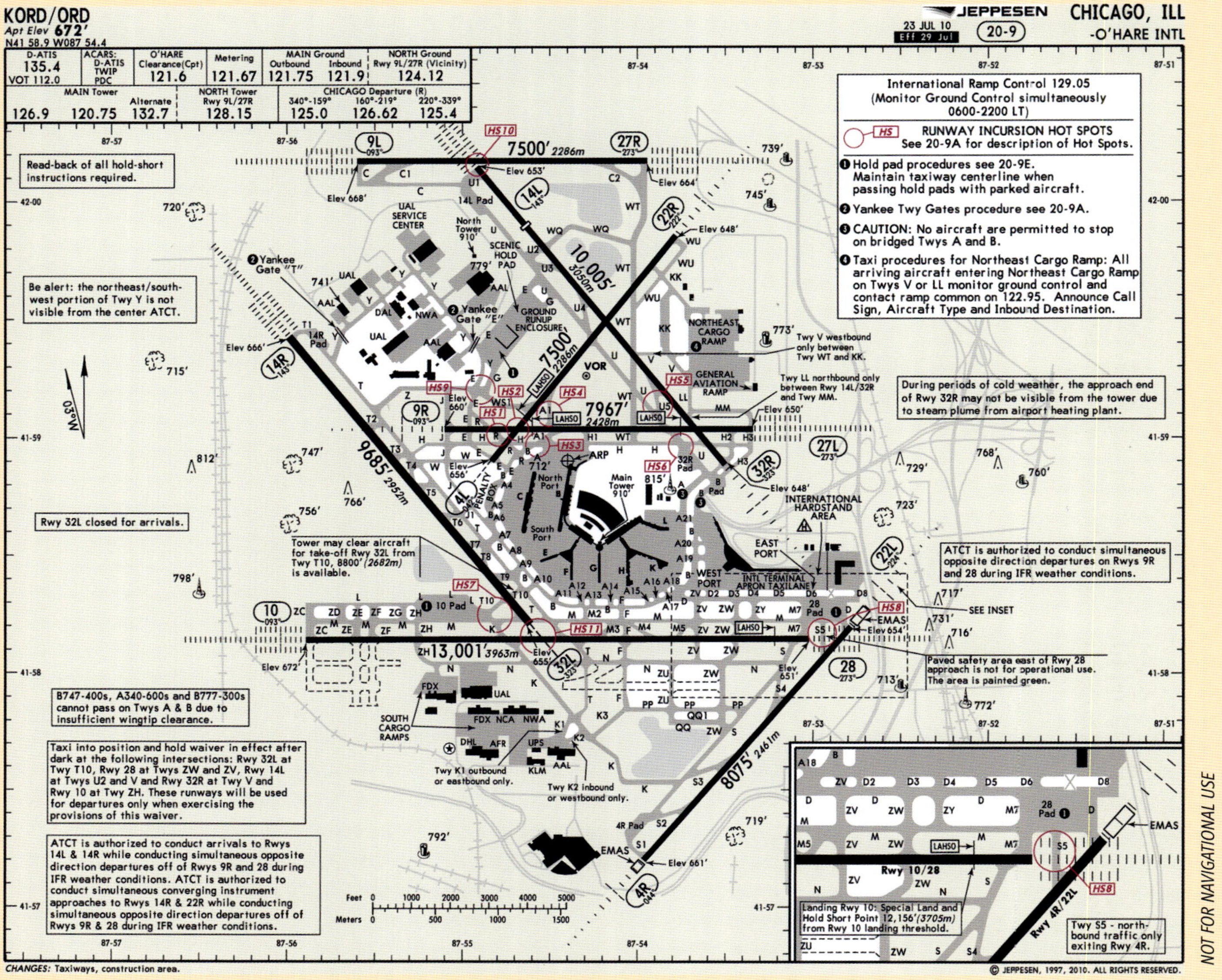

Chicago O'Hare International Airport (ORD)

Eröffnet	1955 für zivilen Verkehr geöffnet
IATA-Code	ORD
Eigentümer	City of Chicago
Betreibergesellschaft	City of Chicago, Department of Aviation
Heimatfluggesellschaft	United Airlines American Airlines
Geograph. Lage	41°58'43"N, 87°54'17"W
Höhe über NN	203,6 m
Fläche	2.833 ha
Terminals	4
Gates	182
Flugzeugparkpositionen	k. A.

Start- und Landebahnen	4R CAT I/22L CAT I, 2.461 m 4L/22R CAT I, 2.286 m 9R CAT I/27L CAT III, 2.428 m 9L CAT III/27R CAT III, 2.286 m 14R CAT IIIb/32L CAT I, 3.952 m 14L CAT IIIb/32R CAT I, 3.050 m 10 CAT I/28 CAT III, 3.963 m
Passagiere	64.158.343
Fracht	1.047.917 t
Flugbewegungen	827.899
Flughafenmitarbeiter	ca. 50.000
Betriebszeiten	24 h
Homepage	www.flychicago.com

In Terminal 1 samt Satelliten werden ausschließlich die Flüge von United Airlines und ihren Partner-Fluggesellschaften von der Star Alliance abgefertigt.

nigten Staaten durch die Verstopfung in O'Hare beeinträchtigt wurden und ihrerseits Verspätungen produzierten.

2005 wurde daher das auf 20 Jahre angelegte O'Hare Modernization Program (OMP) verabschiedet, das das Übel des Flughafens an der Wurzel packen und das Runwaysystem von Grund auf verändern sollte. Vorgesehen waren die Verlegung und Verlängerung mehrerer Pisten sowie der Bau einer achten Bahn, um schließlich zweimal drei und einmal zwei parallele Runways zu erhalten, die nördlich und südlich der Passagierabfertigungseinrichtungen angesiedelt sind. Dazu gehört auch der Bau eines neuen, 80 Meter hohen Kontrollturms, von dem aus ab 2013 alle Aktivitäten auf der Nordseite des Flughafens überwacht werden können. Bis Ende 2011 wird O'Hare schon einmal über vier parallele Runways in Ost-West-Richtung – zwei nördlich des Terminals mit der Bezeichnung 9/27 und zwei südlich der Abfertigungseinrichtungen (10/28) – verfügen.

Durch die Erweiterung der bestehenden vier Abfertigungsgebäude und dem Bau neuer Terminals soll die Situation zusätzlich entzerrt werden. Im Westen des Areals ist der sogenannte West Terminal Komplex (T7) mit vorgelagertem Satelliten geplant, der über ein vollautomatisches unterirdisches Personentransportsystem mit dem Haupttterminalkomplex verbunden sowie über eine eigene Zufahrt von Westen her verfügen wird. Das künftige Terminal 4, angesiedelt im Haupttterminalkomplex, wird für die Abfertigung von Langstreckenflugzeugen ausgelegt. Am anderen Ende des Airports, ganz im Osten, ist zu guter Letzt ein Terminal 6 geplant.

Das Ausbauprogramm wurde auf 6,6 Milliarden US-Dollar veranschlagt, wird aber vermutlich das Doppelte kosten. Dafür wird es so manchen internationalen Fluggast, der über Chicago in die Vereinigten Staaten einreist, aufatmen lassen. Denn noch kommen alle Flüge aus dem Ausland an Terminal 5 an – es ist das einzige Gebäude, an dem Zoll- und Einreiseformalitäten abgewickelt werden können, und der Weg zu den anderen Terminals – in Terminal 1 werden ausschließlich Flüge von United Airlines und den Star-Alliance-Partnern, in Terminal 2 die von American Airlines abgefertigt – ist weit. Immerhin verbindet das automatische Personentransportsystem Sky Train die einzelnen Terminals, so dass dem Passagier längere Fußmärsche erspart bleiben. Das gilt auch für die Fahrt in die rund 27 Kilometer entfernte Innenstadt von Chicago, die innerhalb von 40 Minuten mit der U-Bahn ab Terminal 3 bequem bewältigt werden kann. Internationale Abflüge übrigens können auch von den anderen Terminals aus abgefertigt werden. ORD, das täglich durchschnittlich 2.700 Flugbewegungen aufweist, liegt in den Vereinigten Staaten hinter New York JFK, Los Angeles und Miami an vierter Stelle, was die Zahl der Flüge ins Ausland angeht. Dennoch ist die wichtigste Destination für diesen Airport New York City. ■

Im Gegensatz zum zweiten Tokioter Flughafen Narita, an dem die meisten internationalen Flüge aus dem Großraum Tokio abgehen, wurden am Tokyo International Airport, auch Haneda Airport genannt, in den letzten Jahren fast ausschließlich Inlandsflüge abgewickelt – abgesehen von drei Punkt-zu-Punkt-Diensten nach Seoul in Südkorea sowie in die chinesischen Metropolen Schanghai und Hongkong. Doch obgleich das Gros der Flüge ab Haneda innerjapanische Ziele ansteuert, ist er nicht nur der zweitgrößte Flughafen in ganz Asien, sondern auch der fünftgrößte der Welt. Fast 62 Millionen Fluggäste wurden im Jahr 2009 abgefertigt, und das bei gerade einmal 335.000 Flugbewegungen. Möglich ist dies nur, weil vorzugsweise Großraumflugzeuge eingesetzt werden, und nötig ist dies wegen des begrenzten Platzangebots vor Ort.

Dass der Großraum Tokio vor allem eines nicht hat, nämlich genügend bebaubare Flächen, haben die Stadtväter schon vor rund 80 Jahren erkannt, weshalb der Airport damals bereits in bzw. an die Bucht von Tokio gesetzt worden ist. Auch zu jener Zeit wurden hauptsächlich Regionalflüge abgewickelt – Inlandsdienste und solche nach Korea oder in die Mandschurei, die Japan ab 1931 besetzt hatte. Nach dem Zweiten

TOP 100 NO. 5

Tokyo International Airport

Inlandsflughafen mit internationalen Diensten

Weltkrieg diente Haneda als US Air Base und erhielt die ersten internationalen Verbindungen. Northwest Orient (heute Northwest Airlines) verband das Reich der aufgehenden Sonne über Haneda nicht nur mit den USA, sondern auch mit den Nachbarstaaten. In den 1950er-Jahren, als zunächst ein Teil des Luftwaffenstützpunkts und 1958 dann der ganze Airport an die Japaner zurückgegeben worden war, kamen die europäischen Fluggesellschaften hinzu, allen voran BOAC, SAS und Aeroflot, später auch Swissair oder Sabena, und dann natürlich die berühmte Pan Am, die Haneda ebenso wie Northwest als Asien-Drehscheibe nutzte.

1955 wurde ein großes Terminal errichtet, das in den 1990er-Jahren abgerissen wurde. 1964 fanden in Tokio die Olympischen Sommerspiele statt, zu denen nicht nur der Duty-Free-Verkauf am Airport aufgenommen, sondern auch ein separates nationales Ankunftsgebäude errichtet sowie die Monorail vom Flughafen in die Innenstadt in Betrieb genommen wurden. Ein internationales Terminal und eine neue Piste kamen 1970 dazu, doch der Verkehr wuchs unaufhaltsam und erforderte weitere Maßnahmen. So entschied die japani-

Der Flughafen Haneda wurde zum großen Teil auf einer aus Bauschutt aufgeschütteten, künstlichen Insel in der Bucht von Tokio errichtet. Sein Wahrzeichen ist Terminal 1, das in den 1990er-Jahren gebaut wurde.

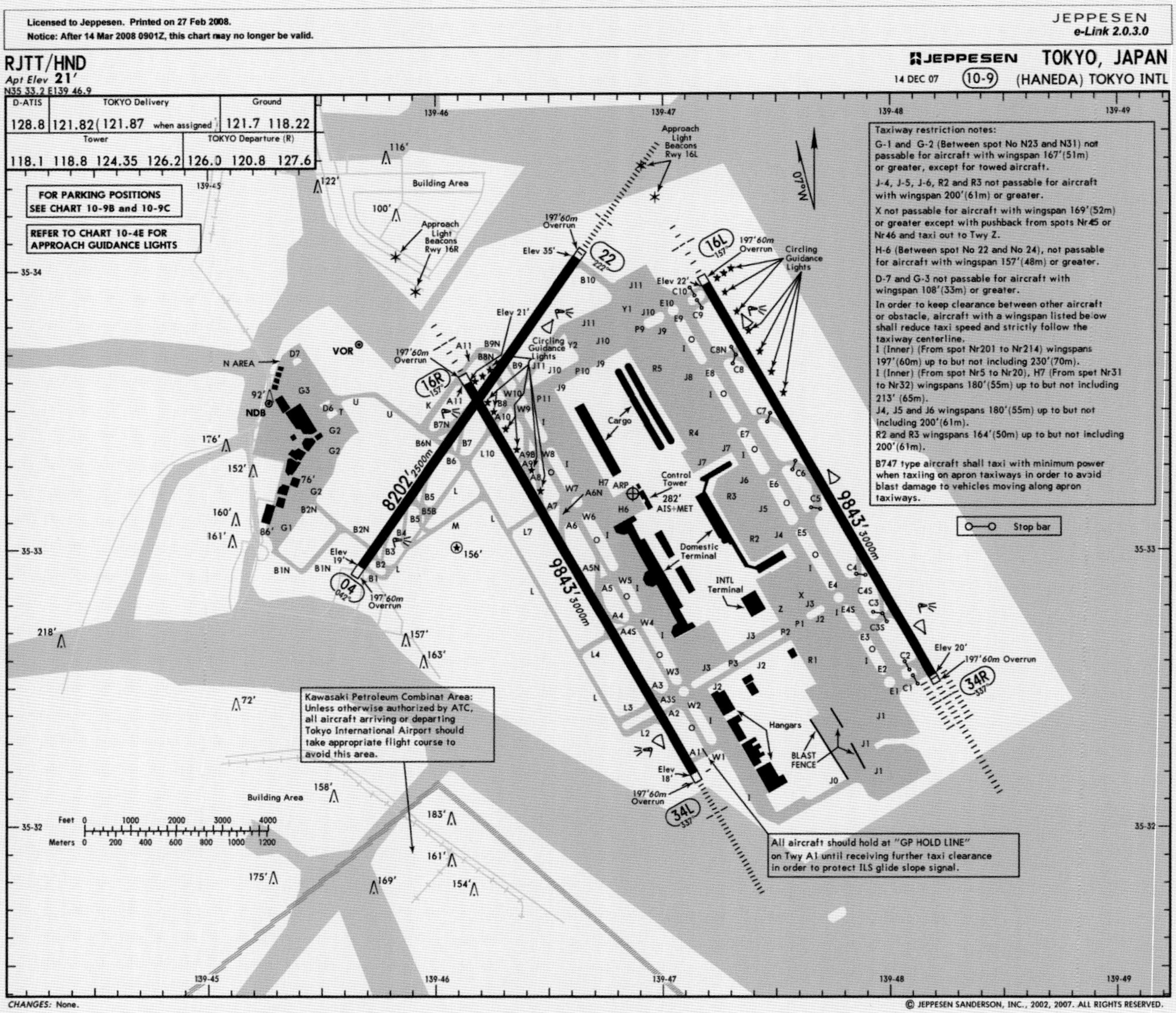

NOT FOR NAVIGATIONAL USE – Bei Redaktionsschluss stand eine aktualisierte Karte noch nicht zur Verfügung.

Tokyo International Airport

Eröffnet	1931
IATA-Code	HND
Eigentümer	Staat
Betreibergesellschaft	Civil Aviation Bureau, Ministry of Land, Infrastructure and Transport
Heimatfluggesellschaften	ANA, JAL
Geograph. Lage	35°33'12"N, 139°46'52"O
Höhe über NN	6 m
Fläche	k. A.
Start- und Landebahnen	04/22 CAT I, 2,500 m 16L CAT I/34R CAT II, 3.000 m 16R/34L CAT I, 3.000 m, 05/23, 2.500 m

Terminals	3
Gates	178
Flugzeugparkpositionen	138
Passagiere	61.903.656
Fracht	779.118 t
Flugbewegungen	335.716
Flughafenmitarbeiter	ca. 300 (Japan Airport Terminal Ltd.)
Betriebszeiten	24 h
Homepage	www.tokyo-airport-bldg.co.jp/

sche Regierung schon bald, einen neuen internationalen Airport für die Hauptstadtregion zu bauen: Der Flughafen Narita wurde, rund 70 Kilometer von Tokio entfernt, auf die grüne Wiese gesetzt und 1978 in Betrieb genommen. Alle internationalen Verbindungen, abgesehen von denen nach Taiwan, konnten damit von Haneda abgezogen werden, das als reiner Inlandsflughafen zunächst wieder über ausreichend Kapazitäten verfügte, zumal 1988 eine neue Start- und Landebahn (die heutige Runway A) auf einer ehemaligen Mülldeponie ins Meer gebaut wurde. Nachdem allerdings im Jahr 1990 die Grenze von 40 Millionen Passagieren überschritten wurde, musste ein weiteres Terminal (heute Terminal 1, genannt „Big Bird") her, das ebenfalls auf Aufschüttungen im Meer errichtet und 1993 eröffnet wurde: Seine Architektur erinnert an ein gigantisches Einkaufszentrum, die zahllosen Geschäfte in seinem Inneren tun ihr Übriges.

1997 und 2000 wurden zwei weitere Runways (heute B und C) in Betrieb genommen, im Dezember 2004 dann Terminal 2 eröffnet. Erstmals an einem japanischen Flughafen fand damit auch eine räumliche Trennung der Fluggesellschaften in verschiedenen Terminals statt, denn während JAL, Skymark Airlines und Skynet Asia im ebenfalls renovierten Terminal 1 verblieben, zogen ANA und Hokkaido International Airlines in das neue, 180.000 Quadratmeter große Gebäude um. Erleichterung machte sich nicht nur bei den Flughafenbetreibern ob der neuen Kapazitäten breit, sondern auch unter den Passagieren, denn mit den dazu gewonnenen Passagierbrücken am neuen Terminal konnten 90 Prozent aller Flüge in Haneda direkt am Gate abgefertigt werden.

Weil das Meer im Gegensatz zum Festland praktisch unbegrenzt Platz für weitere Expansion bietet, wurden seit der Jahrtausendwende auch wieder internationale Flüge, die seinerzeit alle nach Narita ausgelagert worden waren, nach Haneda geholt, sofern sich deren Ziele innerhalb eines Radius von 1.947 Kilometern ab HND befanden, also in Korea, einem Teil von China sowie Ostsibirien. Abgefertigt wurden diese spärlichen internationalen Dienste in einem kleinen internationalen Charterterminal zwischen den beiden Parallelpisten 16/34. Künftig wird Haneda aber zahlreiche weitere internationale Nonstop-Verbindungen erhalten – unter anderem nach Europa und in die Vereinigten Staaten sowie nach Singapur und Malaysia.

Im Westen des Flughafengeländes entstand zu diesem Zweck ein neues internationales Abfertigungsgebäude, das von privaten Investoren finanziert wurde. Es konnte zum Winterflugplan 2010/2011 in Betrieb genommen werden und erhöht die Kapazitäten des Airports auf rund 90 Millionen Fluggäste jährlich. Um weiteren Spielraum zu gewinnen, wurde zudem eine vierte Start- und Landebahn (Runway D) gebaut, durch die die Zahl der möglichen Flugbewegungen auf weit über 400.000 pro Jahr gesteigert wird.

Sowohl die Monorail als auch die Keihin Kyuko Railway, die die Fahrt ins rund 15 Kilometer entfernte Tokio in 20 bis 30 Minuten zurücklegen, sind an den neuen internationalen Bereich angeschlossen. Für beide gibt es selbstverständlich auch Haltestellen an den Terminals 1 und 2, die zusätzlich durch einen Tunnel miteinander verbunden sind, während das kleine internationale Abfertigungsgebäude nur per Busshuttle zu erreichen war.

Sollten die Kapazitäten in Haneda eines Tages erschöpft sein, so existieren bereits Pläne für einen dritten Flughafen: Nicht weiter als 150 Kilometer vom Stadtzentrum entfernt, würde dieser ebenfalls ins Meer gebaut. ■

Das neue internationale Terminal nimmt seit Herbst 2010 die internationalen Dienste von und nach Haneda auf. Der ehemals größte Inlandsflughafen der Welt erhält damit erstmals seit 30 Jahren wieder Nonstop-Verbindungen nach Europa und Amerika.

TOP 100 NO. 6

Paris Charles de Gaulle

Effizient unfreundlich

Das riesige Terminal 2 verfügt bereits über sechs Abflughallen und zwei dazu gehörige Satelliten. Hauptsächlich werden dort die Passagiere der Heimatfluggesellschaft Air France abgefertigt; so auch am internationalen Schengen-Terminal 2F (Bild auf dieser Seite), dessen Passagierbrücken wie die Beine eines riesigen Insektes aussehen.

Schlechte Presse kann gnadenlos sein. So wie Anfang 2008, als die US-Zeitschrift „Foreign Policy" eine Liste mit den „schlechtesten Flughäfen der Welt" veröffentlichte. Hinter den Airports von Dakar, Neu-Delhi, Mineralnyje Wody und Bagdad wurde doch tatsächlich Paris-Roissy (Charles de Gaulle) als Nummer fünf aufgeführt. Doch schlechte Presse kann auch hilfreich sein, denn wenig später gab die Flughafenbetreiberin Aéroports de Paris (ADP) bekannt, dass an den beiden Pariser Flughäfen Roissy und Orly bis Ende 2008 neue, einheitliche Piktogramme eingeführt würden. Eine Kausalität zwischen den beiden Ereignissen kann, muss aber nicht bestehen, doch die Beschilderung am zweitgrößten Flughafen Europas lag von Anfang an im Argen, obgleich sie vom großen Schweizer Schriftgestalter Adrian Frutiger entworfen worden war. Aus der extra für den erst 1974 eröffneten Airport gestalteten und zunächst Roissy genannten Schrift wurde übrigens eine der beliebtesten Schriftarten – die Frutiger – entwickelt. Nichtsdestotrotz irrten noch Ende der 1990er-Jahre ankommende Passagiere nicht selten orientierungslos durch die Hallen des Terminals 2, weil nirgends ersichtlich war, in welcher der damals vier Abfertigungshallen (2A bis 2D) sie sich befanden. Diese Zustände haben sich inzwischen geändert, und was weithin sonst noch in CDG bemängelt wird, dürfte sich von den Zuständen an anderen Großflughäfen kaum unterscheiden: hohe Preise für den Kaffee zwischendurch, nicht immer freundliche Flughafenmitarbeiter, Verspätungen... Derlei gehört eben auch zum Geschäft. Allerdings trennt sich hier in der Tat die Spreu vom Weizen, denn unhöfliche oder gar falsche Auskünfte gibt es beispielsweise am Flughafen Singapore Changi, der nicht umsonst Jahr für Jahr zum besten Airport der Welt erkoren wird, nicht.

Dennoch, Paris CDG ist der sechstgrößte Flughafen auf dem Globus und ein durchaus würdiges Drehkreuz für seine Heimatfluggesellschaft Air France, die in Paris für rund 60 Prozent des Verkehrsaufkommens bzw. knapp 32 Millionen Fluggäste verantwortlich zeichnet und dort täglich 820 Flüge, davon über 150 Langstreckendienste, abwickelt. So ist es denn auch kein Wunder, dass sie einen nicht unwesentlichen Teil des Terminals 2, nämlich 2C bis 2F, für sich und ihre Partner der SkyTeam-Allianz beansprucht.

Ein Sorgenkind nicht nur von Air France, sondern auch der ADP, war die Abflughalle des erst 2003 eröffneten internationalen Terminals 2E, dessen Decke am

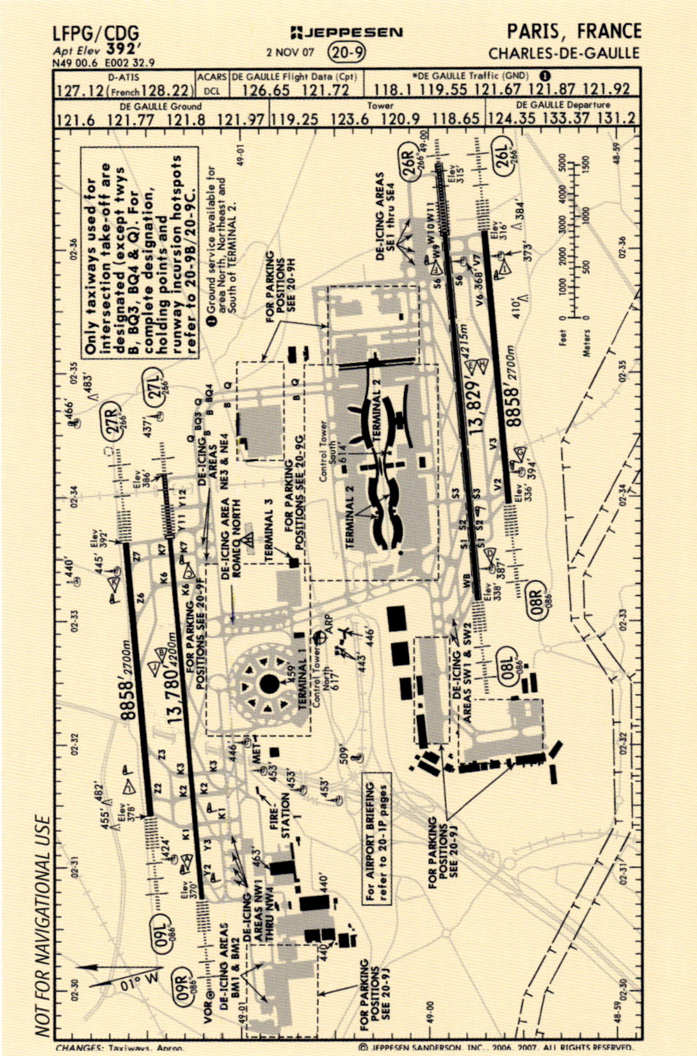

Aéroport Paris Charles de Gaulle	
Eröffnet	1974
IATA-Code	CDG
Eigentümer	Staat
Betreibergesellschaft	Aéroports de Paris
Heimatfluggesellschaft	Air France
Geograph. Lage	49°00'35"N, 2°32'55"O
Höhe über NN	119,48 m
Fläche	3.257 ha
Flughafenmitarbeiter	84.500
davon ADP	12.096
Passagiere	57.906.866
Flugbewegungen	525.314
Fracht	2.054.515 t
Start- und Landebahnen	09R CAT III/27L CAT III, 4.200 m 08L CAT III/26R CAT III, 4.215 m 09L CAT III/27R CAT III, 2.700 m 08R CAT III/26L CAT III, 2.700 m
Terminals	9
Gates	204
Flugzeugparkpositionen	440
Betriebszeiten	24 h
Homepage	www.adp.fr www.aeroportsdeparis.fr

23. Mai 2004 teilweise eingestürzt war, was vier Menschenleben forderte. Aus Sicherheitsgründen wurde das Dach über die gesamte Länge des Gatebereichs von 2E, genannt „Jetty", abgerissen und als Glas-Stahl-Konstruktion neu errichtet. Damit normalisierte sich auch die Abfertigung der Air-France-Langstreckenflüge wieder, die zum Teil in zwei provisorische Gebäude in Terminalnähe verlagert bzw. anfangs sogar vom Schwesterflughafen Orly aufgenommen worden waren. Dabei war CDG ab Mitte der 1960er-Jahre zur Entlastung von Orly errichtet worden.

Sein Terminal 1 war ganz im Stil der Zeit, als Rundbau mit sieben trapezförmigen Satelliten und den denkbar kürzesten Wegen für die Passagiere, konzipiert. Dieser Vorteil kehrte sich bald ins Gegenteil um, denn das Gebäude konnte nicht erweitert werden. So entstand nach und nach der Komplex des Terminals 2, dessen erste Abflughalle B 1981 eingeweiht wurde, gefolgt von A im Jahr darauf. Fast Schlag auf Schlag folgten bis zum Jahr 2003 die Terminals 2C bis 2E sowie etwas abgelegen die heute Terminal 3 genannte Abfertigungseinrichtung für Charterflüge (damals T9), deren Kapazitäten inzwischen auf 3,5 Millionen jährliche Fluggäste erweitert wurden.

Nach dem Bau des modernen Komplexes von Terminal 2 wurde umso deutlicher, dass Terminal 1 aus einer Zeit stammte, in der das Fliegen vom Massentransport noch weit entfernt war. Infolge dessen wurde der betagte Bau, in dem unter anderem die Mitglieder der Star Alliance untergebracht sind, grundrenoviert, so dass er nun Kapazitäten für zehn Millionen Fluggäste pro Jahr sowie die gleichen Standards wie die Abfertigungshallen 2E und 2F aufweist. Doch auch weitere Kapazitäten wurden und werden geschaffen, beispielsweise mit dem Satelliten S3, der östlich von 2E und 2F angesiedelt ist und im Juni 2007 in der ersten Phase in Betrieb ging. Ausgelegt auf 8,5 Millionen jährliche Fluggäste, bietet S3 Platz für 26 Flugzeuge, davon sechs A380. Er ist durch einen Übergang mit 2F ver- sowie mit einem People-Mover an 2E angebunden. Im Anschluss an S3 entstand das Regionalterminal 2G für rund drei Millionen Fluggäste pro Jahr mit 20 Gates für 50- bis 100-sitzige Regionalflugzeuge. In den Platz zwischen dem Satelliten S3 und dem Terminal 2G wird bis 2012 noch der Satellit S4 für Langstreckenflüge mit 16 Gates errichtet, von denen sieben auf das Großraumflugzeug A380 ausgelegt sind.

Das ursprüngliche Pistensystem – zunächst gab es je eine Start- und Landebahn im Norden und Süden des Areals – könnte mit der Ausweitung der Kapazitäten kaum mithalten, hätte es nicht bis zum Jahr 2000 Verstärkung in Form zweier zu den bestehenden Bahnen jeweils paralleler Runways erhalten, die 120 Flugbewegungen pro Stunde ermöglichen. Und weil das immer länger werdende Terminal 2 die Sicht der Fluglotsen vom Tower aus, der zwischen den Terminals 1 und 2 steht, einschränkte, erhielt T2 einen eigenen Kontrollturm, von dem aus das südliche Pistenpaar eingesehen werden kann. Zum Schutz der Anwohner hat die französische Regierung den Bau einer fünften Runway ausgeschlossen. Auch Pläne für einen dritten großen Flughafen im Großraum Paris wurden abgelehnt; vielmehr sollen verstärkt Regionalflughäfen in das Flugstreckennetz eingebunden werden.

Wesentlich mehr Priorität genießt der Anschluss an das Pariser Zentrum. Geplant ist der Bau des CDG Express, der neben der bestehenden S-Bahn bzw. der Regionalbahn RER eine deutlich schnellere Verbindung in die Seine-Metropole schaffen soll. Und CDG verfügt über einen Anschluss an den Hochgeschwindigkeitszug TGV, der in nur vier Stunden bis nach Frankfurt braust. Eine mindestens ebenso angenehme Sache ist die sogenannte CDG VAL, ein automatischer People-Mover, der erst 2006 in Betrieb ging und die Terminals sowie RER- und TGV-Bahnhof in nur acht Minuten verbindet und den Busshuttle ablöste. ■

Moderne und lichtdurchflutete Einrichtungen prägen heute das Gesicht von Terminal 2.

Terminal 1 weist die Architektur der späten sechziger und siebziger Jahre auf: Das Fluggastgebäude wird umringt von seinen Satellliten.

TOP 100 NO. 7

Los Angeles International Airport

Ausbau für die A380

Anfang Februar 2007 erschien in der Los Angeles Times ein Artikel des Inhalts, dass die internationalen Fluggesellschaften ihre Dienste ab dem Los Angeles International Airport wegen der dortigen veralteten Einrichtungen verringerten und auf die moderneren Airports von San Francisco oder Las Vegas auswichen. Das Tom Bradley International Terminal in LAX, so der IATA-Code des größten der vier Flughäfen von Los Angeles, war damals über 20 Jahre alt, und seit dessen Eröffnung anlässlich der Olympischen Sommerspiele 1984 war in Sachen Modernisierung am Airport nicht mehr viel geschehen.

Dieses Armutszeugnis konnte die Flughafenbetreiberin LAWA selbstverständlich nicht auf sich sitzen lassen. Immerhin weist LAX, hinter New York JFK und Miami, mit mehr als sieben Millionen die meisten internationalen Passagiere in den USA auf; er ist das klassische Einfalltor in den Westen der Vereinigten Staaten mit Verbindungen zu mehr als 80 nationalen und 65 über den Globus verteilten internationalen Destinationen.

Ob das 2007 von der Stadt Los Angeles genehmigte Programm zur Modernisierung und Erweiterung des internationalen Terminals nun aufgrund jenes Zeitungsartikels gestartet wurde, oder ob es ohnehin im Rahmen des Masterplans für LAX an der Reihe gewesen wäre, sei dahin gestellt. Fakt ist jedenfalls, dass die Maßnahmen relativ schnell Folgen zeigten, denn zahlreiche in- und ausländische Airlines – von Alitalia über Air France-KLM, American, Delta, Emirates, Korean Air oder Qantas bis hin zu Turkish Airlines oder V Australia – legten und legen seither neue Dienste nach Los Angeles auf.

L.A. ist einer der größten Schmelztigel in den Vereinigten Staaten; die Metropole ist nicht nur die zweitgrößte Stadt in den USA, sondern auch die Stadt mit den meisten Einwohnern französischer, italienischer, israelischer oder mexikanischer Herkunft. Und: Im Großraum von L.A., so heißt es, wird das drittgrößte Bruttosozialprodukt der Welt erwirtschaftet. Gleichzeitig ist LAX der Flughafen, der weltweit die meisten „Origin-&-Destination“-Passagiere aufweist, also solche, die nicht umsteigen, sondern deren Flugreise in Los Angeles beginnt bzw. endet. Und die meistfrequentierten Ziele, die die Passagiere ab Los Angeles ansteuern, sind San Francisco, New York, Chicago – und Honolulu.

Dabei erschien die Zukunft des Platzes mit seiner staubigen Piste, der 1928 als Mines Field zum Stadtflughafen von Los Angeles ernannt wurde, eher fragwürdig. Denn die damals großen Fluggesellschaften, allen voran Pan Am, TWA, American und United Airlines, bevorzugten San Francisco, wo das Zentrum von Handel, Wirtschaft und Verkehr in Kalifornien lag. Erst die Ansiedlung von Luftfahrtindustrie – unter anderem von Douglas und Northrop – sorgte für das nötige Interesse der Airlines. Obwohl der Zweite Weltkrieg den beginnenden Aufschwung des inzwischen Los Angeles Airport genannten Lufthafens zunichte machte, stellten die Betreiber bereits während der Kriegsjahre einen zweistufigen Ausbauplan vor, der in der Endphase zwei Terminalbauten zwischen zwei Pistenpaaren vorsah, und dessen Umsetzung nach dem Krieg begonnen

Die Wohngebiete rund um LAX enden inzwischen praktisch direkt vor dem Flughafenzaun, weshalb die Betreiber so manchen Kompromiss bei den künftigen Ausbauplänen eingehen müssen.

LAX ist das Gateway in den Westen der USA. Kein anderer Flughafen der Welt weist so viele Origin-&-Destination-Passagiere auf wie der Los Angeles International Airport.

wurde. Erst 1961 konnten die neuen Einrichtungen in Betrieb genommen werden; bis dahin mussten sich die inzwischen 21 Fluggesellschaften vor Ort mit provisorischen Abfertigungsgebäuden begnügen.

Damals erhielt der Airport auch sein Wahrzeichen, das sogenannte Theme Building, dessen Form an eine fliegende Untertasse erinnert und dessen Aussichtsterrasse nach den Anschlägen auf die Zwillingstürme des New Yorker World Trade Centers am 11. September 2001 für die Öffentlichkeit geschlossen wurde. Es sollte bis zum Sommer 2010 dauern, bis die Plattform endlich wieder eröffnet wurde.

Ende der 1970er-Jahre zwangen 40 Millionen Passagiere pro Jahr sowie vor allem die 1984 anstehenden Olympischen Spiele erneut zu einem umfangreichen Ausbauprogramm, das zwei neue Terminals, die Renovierung der bestehenden Einrichtungen, eine völlig neue Wegführung zum Flughafen auf zwei Ebenen sowie einen neuen Tower vorsah. Gerade rechtzeitig vor Beginn des sportlichen Großereignisses konnten ein neues Inlandsfluggastgebäude, das Terminal 1, sowie das Tom Bradley International Terminal (TBIT) fertig gestellt werden. Seither hat sich am Aussehen des Airports, dessen neun Abfertigungsgebäude hufeisenförmig angeordnet sind, nicht mehr viel verändert.

Allerdings erforderte das weiter steigende Flugaufkommen Maßnahmen zum Schutz der Anwohner: Ein Lärmschutzprogramm begrenzte die Anzahl nächtlicher Flugbewegungen auf 100, zudem ist der Airport seit dem Jahr 2000 für die sogenannten Kapitel-2-Flugzeuge gesperrt.

Die zahlreichen Anrainer vereitelten auch einen umfassenden und milliardenschweren Ausbau des Flughafens. Ein darüber jahrelang schwelender Streit zwischen Airport und Anwohnern konnte erst 2005 durch einen Kompromiss aufgelöst werden, der einige der im Masterplan anvisierten Projekte gestattete, andere auf Eis legte. Vonnöten sind Modernisierung und Ausbau allemal, denn die Betreiber rechnen bereits im Jahr 2014 mit bis zu 63 Millionen Passagieren; 2009 waren es 56 Millionen.

Ungeachtet aller Unstimmigkeiten wird LAX endlich zum größten A380-Flughafen in den USA ausgebaut und anstatt der 2010 nur zwei existierenden Gates mit Doppelbrücken künftig neun gebäudenahe Flugzeugpositionen mit Dreifachbrücken für das größte Verkehrsflugzeug der Welt erhalten.

Der Kern der Modernisierungs- und Erweiterungsarbeiten konzentriert sich auf das Tom Bradley International Terminal sowie einen noch zu errichtenden Satelliten westlich davon. Die Renovierung des TBIT war 2010 bereits weitgehend abgeschlossen und das Terminal endlich auf den Stand der Zeit gebracht. Die nach dem 11. September 2001 eingeführten Sicherheitsstandards verlangten nach einer kompletten Umgestaltung des Abfertigungsgebäudes mit zentralisierten Sicherheitskontrollschleusen, Geräte für die vollständige Gepäckkontrolle sowie modifizierten Einreiseschaltern. Zu Spitzenzeiten können nun 4.000 ankommende und 2.000 abfliegende Passagiere pro Stunde bewältigt werden. Östlich des Terminals werden zwei Parkhäuser zum neuen zentralen Abfertigungsgebäude umgebaut, westlich des TBIT entsteht darüber hinaus ein Satellit mit 16 weiteren Gates. Dieser wird über eine Skybridge genannte Brücke, die von der Form her an das Theme

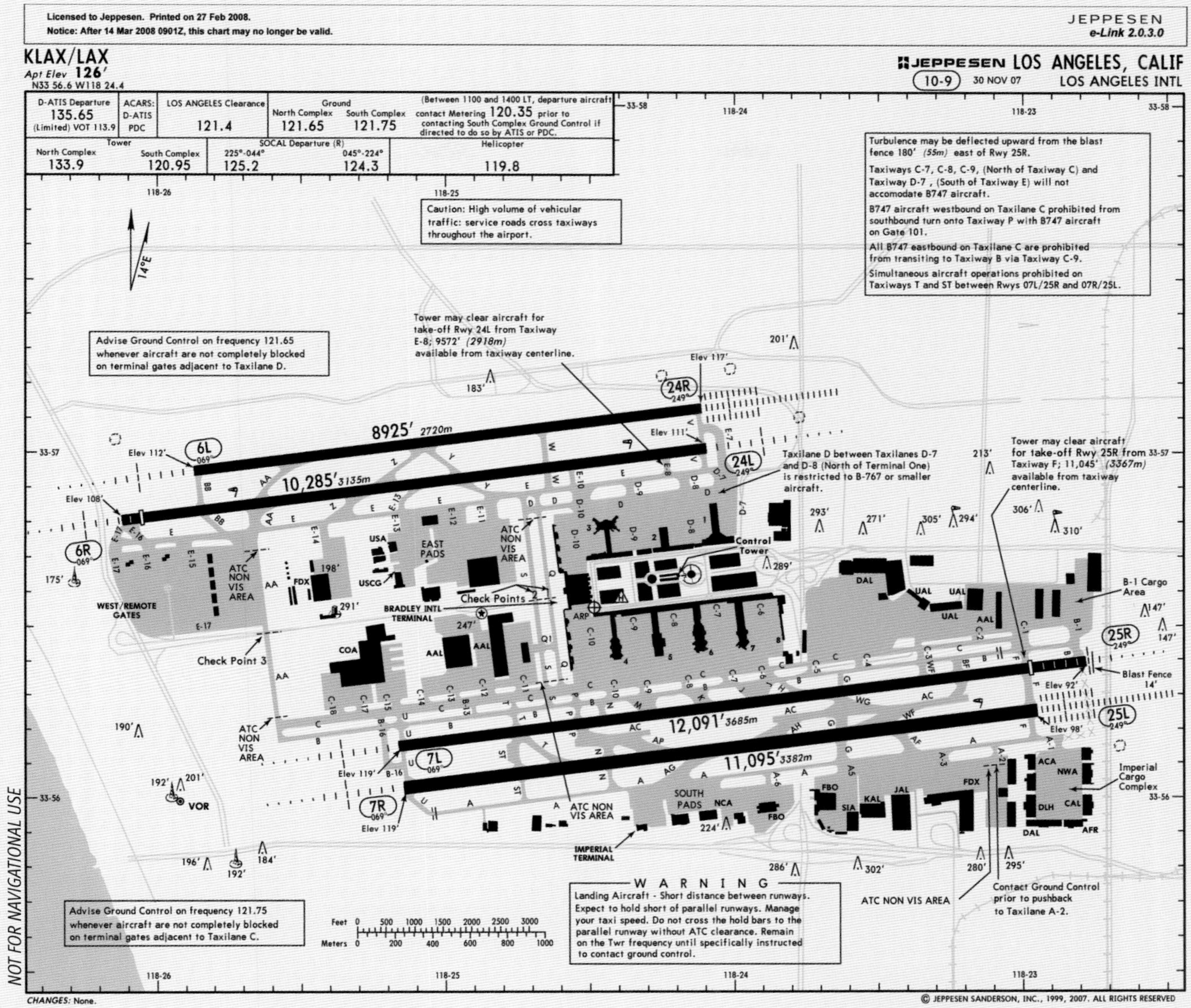

Los Angeles International Airport

Eröffnet	1928
IATA-Code	LAX
Eigentümer	City of Los Angeles
Betreibergesellschaft	Los Angeles World Airports (LAWA)
Heimatfluggesellschaft	United Airlines
Geograph. Lage	33°56'33"N, 118°24'29"W
Höhe über NN	38,1 m
Fläche	1.386 ha
Start- und Landebahnen	06L CAT I/24R CAT IIIb, 2.720 m 06R CAT I/24L CAT I, 3.135 m 07L CAT I/25R CAT I, 3.685 m 07R CAT I/25L CAT IIIb, 3.382 m

Terminals	9
Gates	108 (im Terminalbereich)
Flugzeugparkpositionen	26 Vorfeldpositionen
Flughafenmitarbeiter	Insgesamt: 59.000, LAWA: 2.700
Passagiere	56.520.843
Fracht	1.509.236 t
Flugbewegungen	634.383
Betriebszeiten	24 h
Homepage	www.lawa.org

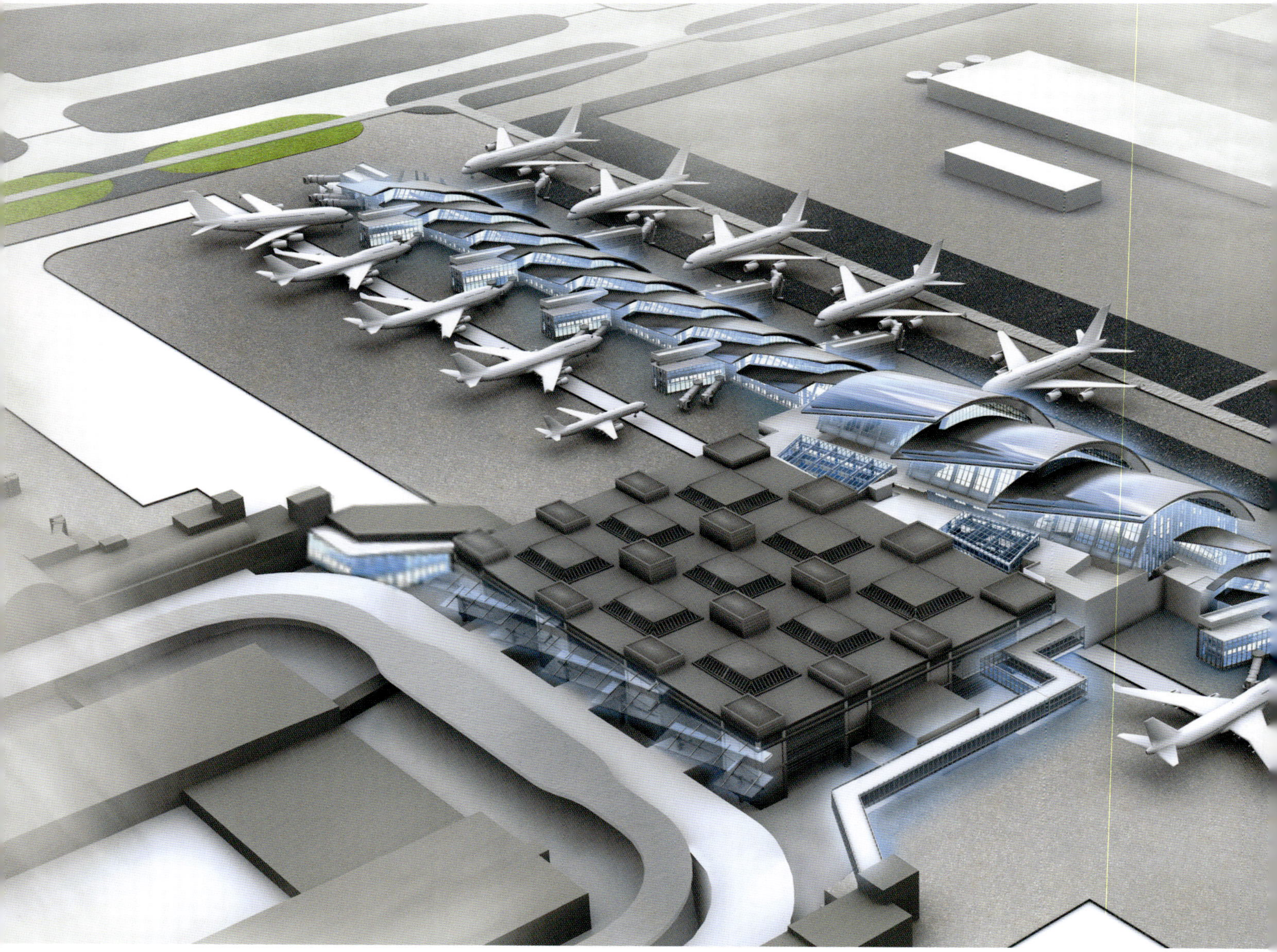

Bis zum 12. Dezember 2012 soll das umfangreiche Erweiterungsprogramm für das Tom Bradley International Terminal abgeschlossen sein. Die existierenden Teile des Abfertigungsgebäudes wurden zumindest schon renoviert und modernisiert.

Building gemahnt, von der neuen Haupthalle aus erreichbar sein – und zwar sowohl per automatischem Personentransportsystem auf der unteren als auch per pedes bzw. auf Laufbändern auf der oberen Ebene, Aussicht über die Vorfelder auf den nahen Pazifik inklusive.

Und weil die Betreiber von LAX ohnehin darauf setzen, dass das künftige Wachstum vor Ort hauptsächlich über Großraumflugzeuge erreicht werden kann, soll auch das Start- und Landebahnsystem entsprechend modifiziert werden. So entstanden jeweils zwischen den beiden Parallelpistenpaaren zentrale Rollwege, weshalb die Pisten 25L und 24L nach Süden versetzt werden müssen, was wiederum den Abriss der Terminals 1, 2 und 3 sowie des nördlichen Teils des Tom Bradley International Terminals bedingt.

Um den reibungslosen Passagierfluss bereits ab den Parkhäusern zu gewährleisten, wird eine Skytrain genannte Kabinenbahn alle Terminals, Parkhäuser und das Mietwagenzentrum in beide Richtungen miteinander verbinden, einschließlich des Anschlusses an die Stadtbahn nach L.A. Als geplanten Termin für die Fer-

Auch in LAX lassen sich die mexikanischen bzw. spanischen Einflüsse in Südkalifornien nicht verleugnen, wie hier beim ersten Hangar des Flughafens aus dem Jahr 1929. Er befindet sich heute im Frachtbereich.

tigstellung haben Planer und Betreiber den 12. Dezember 2012 anvisiert.

Insgesamt wird das Modernisierungsprogramm in LAX auf rund 6,4 Milliarden US-Dollar veranschlagt. Doch ist man in LAX stolz darauf, weitgehend unabhängig von staatlichen bzw. städtischen Mitteln zu sein. Die Einnahmen am Airport stammen zum Großteil aus den Konzessionen für das Parkierungsgeschäft sowie selbstverständlich aus den Gebühren für die Fluggesellschaften und denen für die Passagiere. Pro Fluggast kassiert die LAWA – Los Angeles World Airports – genannte Betreibergesellschaft 4,50 US-Dollar, eine Erhöhung ist geplant. Der Anteil des Non-Aviation-Geschäfts, also der Einnahmen aus den nicht-luftfahrtaffinen Aktivitäten wie eben die Konzessionen für die Parkhäuser und den Einzelhandel beträgt in LAX (noch) 40 Prozent. Andere Airports von Rang und Namen kommen beim Verhältnis zwischen Aviation- und Non-Aviation-Geschäft bereits auf 50:50, und in Los Angeles hofft man, dereinst ebenfalls diese Quote zu erreichen.

Profitieren werden von all diesen Maßnahmen in erster Linie die Passagiere von American Airlines, die als größter Carrier vor Ort einen Marktanteil von mehr als 19 Prozent aufweist, dicht gefolgt von United Airlines mit einer Marktdurchdringung von rund 17 Prozent. Allerdings sind es nicht nur sie, die vermehrt Geld an den Airport bringen, sondern die vielen Fluggesellschaften aus dem Ausland. Laut einer Studie der Los Angeles County Economic Development Corporation pumpt ein täglicher Transatlantik- oder Transpazifikflug rund 620 Millionen Dollar pro Jahr in die Region und sorgt für 3.800 direkte und indirekte Arbeitsplätze. Zusätzlich zu den künftigen Infrastrukturen für Großraumflugzeug verfügt LAX über etwas, das kein anderer Airport an der Westküste in diesem Maße aufweisen kann: ein riesiges Einzugsgebiet mit einem derart großen Wirtschaftspotential, das die (Ko)-Existenz dreier weiterer (Regional-) Flughäfen im Großraum Los Angeles ermöglicht. ■

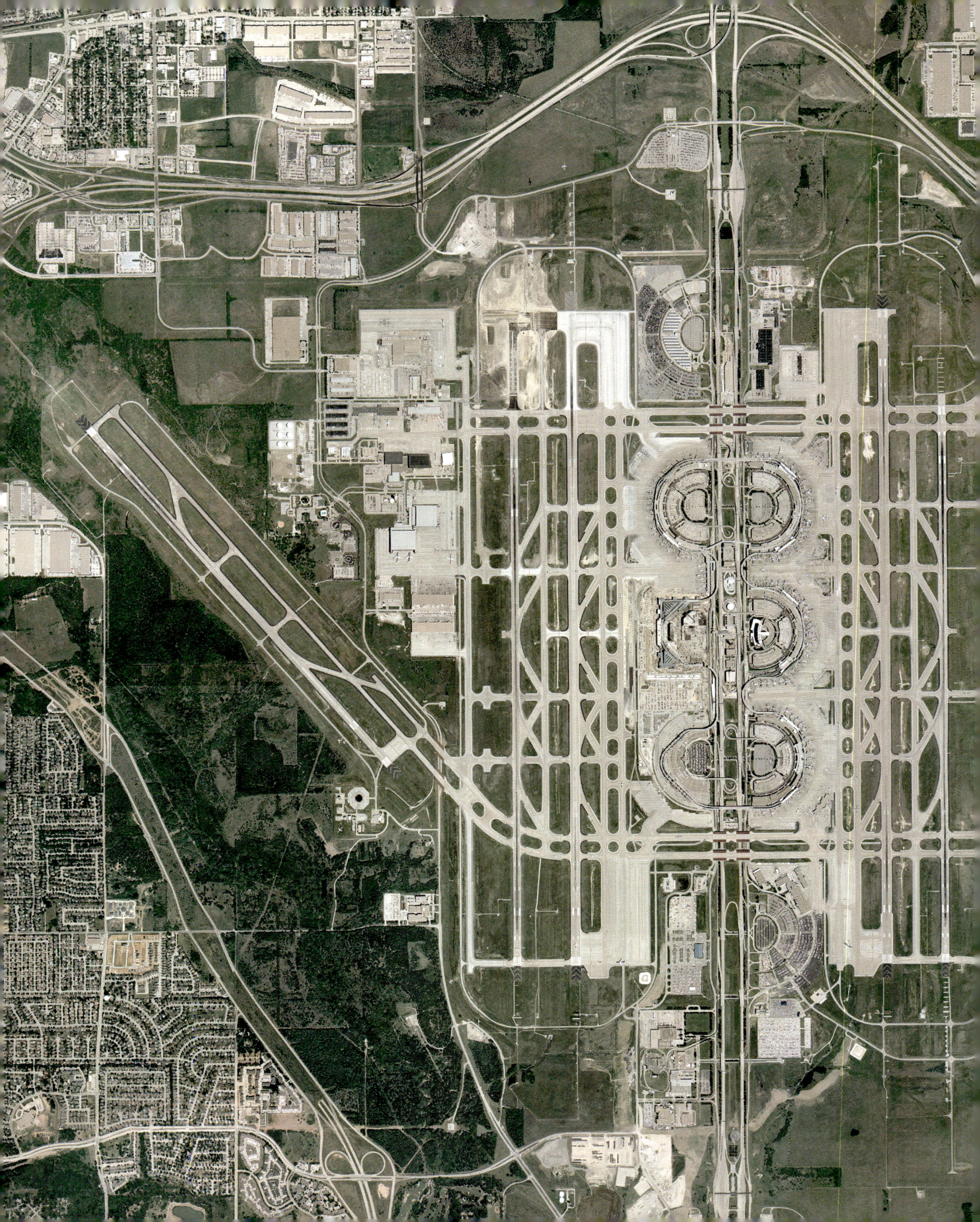

Dallas/Fort Worth International Airport

Flugplatz mit Superlativen

Das großzügige Start- und Landebahnsystem gestattet in DFW den Simultanbetrieb auf vier Pisten. Allerdings sorgen deren Anlage hin und wieder für Staus bzw. stockenden Verkehr auf den Rollwegen.

Ob es mit dem texanischen Hang zur Protzerei zusammenhängt oder schlicht weise Voraussicht ist, sei dahingestellt. Tatsache ist jedoch, dass der Flughafen Dallas/Ft. Worth so einige Superlative zu bieten hat. Er ist nicht nur der größte Flughafen des US-Bundesstaates Texas, sondern – flächenmäßig – nach dem von Denver auch der zweitgrößte der USA und angeblich (noch) der viertgrößte der Welt. Bei der Zahl der Flugbewegungen bringt er es auf Platz drei der Weltrangliste, von den Passagierzahlen her – 2009 waren es rund 56 Millionen Fluggäste – steht er weltweit an achter Stelle, und innerhalb der nächsten Dekade rechnen die Betreiber mit bis zu 100 Millionen Reisenden. Zudem gilt er als einer der besten Frachtflughäfen auf dem Globus, und er dürfte auch eine der jüngsten Luftverkehrsdrehscheiben sein. DFW, so der IATA-Code, wurde nämlich erst 1974 in Betrieb genommen. Allerdings kann die Luftfahrt im Staate Texas auf eine erheblich längere Tradition zurückblicken, doch bis sich die beiden Städte Dallas und Fort Worth auf die Errichtung eines gemeinsamen Airports geeinigt hatten, vergingen Jahrzehnte des Streits – was in der Geschichte der Fliegerei ebenfalls nicht allzu häufig vorgekommen sein dürfte. Erst ein Machtwort der Luftfahrtbehörde FAA führte zur Errichtung eines gemeinsamen Flughafens, der etwa in der Mitte zwischen den beiden Städten liegt und im Januar 1974 in Betrieb genommen wurde. Um die Stellung des neuen und nach eigenen Angaben damals größten und teuersten Airports der Welt zu sichern, wurde 1979 das Wright-Amendment verabschiedet, das die Flüge ab dem alten

Flughafen von Dallas Love Field beschränkte. Zur Festigung der Stellung von DFW sorgte zudem die Ansiedlung von American Airlines. Gleichfalls richtete auch Delta Air Lines dort einen Hub ein, den sie während ihres Konkursverfahrens im Jahr 2004 aber aufgeben musste; eine Lücke, die die Flughafenbetreiber nur schwer füllen konnten. Nichtsdestotrotz kann DFW auf 171 Destinationen, davon mehr als 60 weltweit, verweisen, die von elf einheimischen und sieben internationalen Fluggesellschaften bedient werden. Immerhin reisen von den täglich 153.000 Fluggästen knapp zehn Prozent ins Ausland bzw. kommen von dort an, während 60 Prozent aller Passagiere Umsteiger sind.

An derart viele Transfer-Passagiere dachten die Planer nicht im Traum, als sie den Airport entwarfen. Zugeschnitten auf den einheimischen Passagier, der mit dem Auto möglichst nahe zum Check-in fahren konnte, um dann auf kürzestem Weg zum Flugzeug zu gelangen, erwies sich das Konzept später als Hindernis. Denn die einzelnen hufeisenförmigen Terminals A, B, C, D und E sind paarweise mit der offenen Seite zueinander angeordnet, A gegenüber von B und zugleich nördlich von C. Dies wiederum hat sein westliches Gegenstück in D, südlich von ihm schließt sich E an. Die jüngste Errungenschaft ist das internationale Terminal D, im Juli 2005 eröffnet, mit 28 Gates und 99 Check-in-Schaltern bestückt und auf 11,7 Millionen Fluggäste jährlich ausgelegt ist. Kurz zuvor war das automatische Personentransportsystem Skylink in Betrieb genommen worden, das alle fünf Terminals sowie ein geplantes sechstes Abfertigungsgebäude F, das künftige Gegenstück von E, miteinander verbindet. Die Kapazitäten können bei Bedarf um acht auf theoretisch 13 Terminals mit 260 Gates für die eingangs erwähnten 100 Millionen potentiellen Passagiere verstärkt werden. Der Zeitplan ist flexibel; vor allem die Reduzierung der Aktivitäten von Delta Air Lines sowie die Finanzkrise der Jahre 2008 und 2009 haben gezeigt, dass die Wachstumskurve eines Airports jederzeit abflachen bzw. gar nach unten weisen kann. So hat man beispielsweise noch in den 1990er-Jahren für 2005 über eine Million Flugbewegungen prognostiziert. Dann ging man davon aus, dass die Millionengrenze 2009 geknackt würde, doch in jenem Jahr war der Airport davon noch meilenweit entfernt.

Zumindest wurde bis dahin ein Manko des Airports behoben. Die bestehenden sieben Runways sind so angeordnet, dass Flugzeuge nach der Landung auf den äußeren Hauptbahnen auf dem Weg zum Terminal die inneren Parallelbahnen, die hauptsächlich für Starts genutzt werden, kreuzen müssen, was rund 1.700 Mal pro Tag geschieht und zu zahlreichen Staus und damit Verspätungen führt. Daher wurden nördlich und südlich der vier zentralen Parallelbahnen zusätzliche Rollwege eingerichtet.

Bis 2017 sollen nun die vier „alten“ Terminals komplett renoviert werden. Vorgesehen ist darüber hinaus in unbestimmter Zukunft der Bau einer achten Bahn mit der Designation 16/34. Aber auch ohne diese ist DFW schon heute der einzige Airport der Welt, auf dem vier Flugbewegungen gleichzeitig durchgeführt werden können. Um das alles zu überblicken, reicht ein einzelner Kontrollturm nicht mehr aus. Daher verfügt der texanische Flughafen auch über drei Tower. Und das ist ein weiterer Rekord. ■

Vom internationalen Terminal D gehen ausschließlich grenzüberschreitende (Langstrecken-) Flüge ab. Entsprechend großzügig ist das Einkaufsangebot im lichten Abflugbereich.

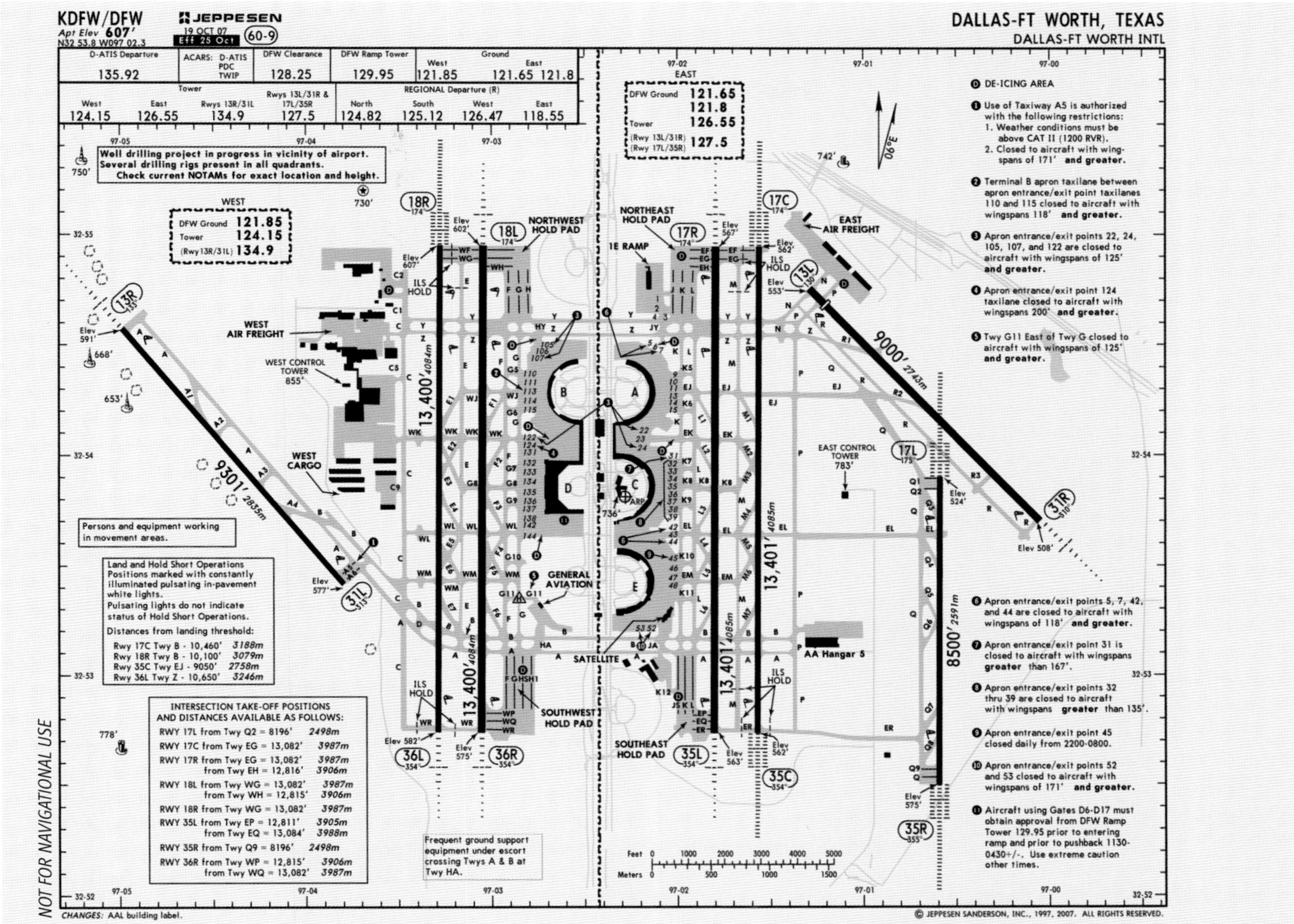

Dallas/Fort Worth International Airport

Eröffnet	1974	**Start- und Landebahnen**	17R CAT I/35L CAT I, 4.085 m,
IATA-Code	DFW		18L CAT I/36R CAT I, 4.084 m
Eigentümer	Städte Dallas, Fort Worth		18R CAT IIIb/36L CAT I, 4.084 m
Betreibergesellschaft	DFW Airport Board		17C CAT IIIb/35C CAT IIIb, 4.085 m
Heimatfluggesellschaft	American Airlines		13R CAT I/31L, 2.835 m
Geograph. Lage	32°53'48"N, 97°02'16"W		13L/31R CAT I, 2.743 m
Höhe über NN	185 m		17L CAT IIIb/35R CAT IIIb, 2.591 m
Fläche	7.318 ha	**Passagiere**	56.030.457
Terminals	5	**Flugbewegungen**	638.782
Gates	174	**Fracht**	578.906 t
Flugzeugparkpositionen	150	**Betriebszeiten**	24 h
Flughafenmitarbeiter	ca. 60.000	**Homepage**	www.dfwairport.com

9 Flughafen Frankfurt

Deutschlands Nummer 1

In Frankfurt ist die Welt zu Gast. Und das im wahrsten Sinne des Wortes, denn im Stadtteil Frankfurt-Flughafen treffen Menschen aus allen Erdteilen zusammen – um sich kurz darauf schon wieder in alle Winde und Richtungen zu zerstreuen. Dafür sorgen mehr als 170 Fluggesellschaften, die den drittgrößten Airport Europas und neuntgrößten der Welt im regelmäßigen Passagier- und Frachtdienst anfliegen. Über 300 Flugziele in 112 Ländern bieten sie an, knapp 51 Millionen Fluggäste – davon 53 Prozent Umsteiger, die Umsteigezeit beträgt in beiden Terminals 45 Minuten – wurden im Jahr 2009 durch die Hallen des Frankfurter Airports geschleust. Und das ist auch schon fast das Maximum, das derzeit erreicht werden kann. Denn Deutschlands Drehscheibe Nummer eins, der Heimatflughafen der Deutschen Lufthansa, ist voll, befindet sich am oberen Ende der vorhandenen Kapazitäten. Wer sein Angebot in Frankfurt ausbauen möchte, wird notgedrungen abgewiesen, Wachstum kann nicht durch mehr Frequenzen, sondern in erster Linie durch den Einsatz größerer Flugzeuge erzielt werden.

Der Frankfurter Flughafen ist eingerahmt von Wäldern. Ausbauvorhaben werden dadurch jedoch nicht leichter, denn auch die Umweltverträglichkeit jeder Maßnahme muss genau geprüft werden.

Entsprechend blieb das Verkehrswachstum während des vergangenen Jahrzehnts in Frankfurt deutlich unter dem Bundesdurchschnitt. Ein wenig Luft mögen da vielleicht sogar die Krisenjahre 2008 und 2009 gebracht haben, doch selbst in diesem Zusammenhang sind weder der Passagierrückgang um fast fünf noch das Frachtminus von mehr als zehn Prozent im Jahr 2009 zu werten.

Die drei Runways vor Ort können nicht simultan genutzt werden, möglich sind derzeit nur etwas über 80

Die Lufthansa und ihre Partnerfluggesellschaften sorgen in Frankfurt für rund 70 Prozent des Verkehrsaufkommens.

Erst aus der Vogelperspektive erkennt man, unter was für beengten Verhältnissen am Frankfurter Flughafen geflogen werden muss. Die Piste ganz links ist die künftige 07R/25L, nach rechts unten läuft die berühmt-berüchtigte Startbahn West.

Flugbewegungen pro Stunde, nötig wären um die 100. Damit der Airport aufgrund dieser Beschränkungen nicht ins Hintertreffen gerät, wird bis Ende 2011 eine vierte Piste gebaut, die die Kapazitäten des Start- und Landebahnsystems auf 120 Flugbewegungen stündlich bzw. von derzeit 420.000 auf rund 700.000 jährlich erhöhen wird.

Die Kontroversen, die der geplante Bau dieser Runway aufgeworfen hat, stehen exemplarisch für die Entwicklung des Frankfurter Flughafens, der 1936 eröffnet worden war. Nach dem Zweiten Weltkrieg war FRA bzw. die Rhein-Main Air Base der US-Streitkräfte Hauptbasis für die Luftbrücke nach Berlin. Die Amerikaner hatten die beiden heutigen Parallelpisten 7/25 errichtet, die allerdings im Lauf der Jahrzehnte gehörig verlängert und verbreitert werden mussten. 1950 wurde der Flughafen an die Bundesrepublik Deutschland zurückgegeben, drei Jahre später nahm die Bundesanstalt für Flugsicherung ihren Dienst in FRA auf, und 1955 konnte erstmals ein Flugzeug der Deutschen Lufthansa in Frankfurt landen, gleichzeitig erhielt die noch junge Bundesrepublik ihre Souveränität und Lufthoheit

Flughafen Frankfurt/Main	
Eröffnet	1936
IATA-Code	FRA
Eigentümer	Land Hessen 31,50 %, Stadtwerke Frankfurt 20,12 %, Deutsche Lufthansa 9,92 %, Artio Global Investors 10,33 %, Taube Hodson Stonex Partners Ltd. 3,58 %, Morgan Stanley 2,94 %, Arnhold and S.Bleichroeder Holdings Inc. 2,98 %, Streubesitz 18,63 %
Betreibergesellschaft	Fraport AG
Heimatfluggesellschaft	Deutsche Lufthansa
Geograph. Lage	50°02 '04"N, 8°34'17"O
Höhe über NN	100 m
Fläche	2.100 ha
Flughafenmitarbeiter	73.000
Passagiere	50.932.840
Flugbewegungen	463.111
Fracht	1.887.686 t
Start- und Landebahnen	07L CAT IIIb/25R CAT IIIb, 4.000 m 07R CAT IIIb/25L CAT IIIb, 4.000 m 18 CAT IIIb/36 CAT IIIb, 4.000 m (nur für Starts)
Terminals	2
Gates	140
Flugzeugparkpositionen	211
Betriebszeiten	24 h
Homepage	www.fraport.de (Betreiber)

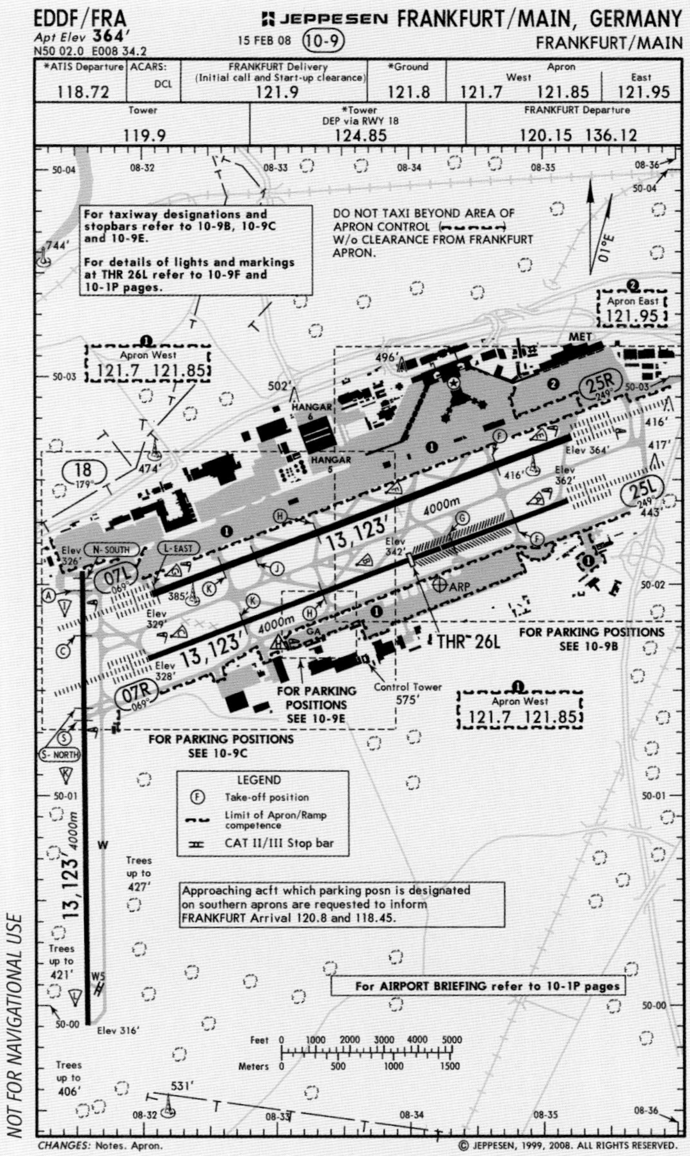

Slots sind am Frankfurter Flughafen ein rares Gut, und nicht nur die landenden Flugzeuge reihen sich wie auf einer Perlenschnur am Himmel aneinander, sondern auch die Rollwege zu den jeweiligen Startpositionen sind viel befahren.

zurück. Kurz darauf hatte sich der Airport bereits zur Nummer zwei in Europa gemausert, und schon 1958 war erstmals die Forderung nach einer dritten Startbahn laut geworden. Doch zunächst machte sich die Flughafen Frankfurt/Main AG daran, das neue Terminal Ost in Betrieb zu nehmen. Vier Jahre später wurde der Entschluss gefällt, ein weiteres Terminal Mitte sowie eine dritte Start- und Landebahn zu bauen. Der Bau für Ersteres wurde 1965 aufgenommen, das Planfeststellungsverfahren für Letztere 1968 eingeleitet. Und während 1972 das neue Terminal Mitte, heute Terminal 1, eröffnet werden konnte – noch während der Bauarbeiten hatten hier Änderungen vorgenommen werden müssen, um das Gebäude an die Dimensionen des neuen Großraumflugzeugs Boeing 747 anzupassen –, ließen die Entscheidungen für die neue Runway auf sich warten. Erst Ende 1981 durfte der Frankfurter Flughafen mit dem Bau der heftig umstrittenen Startbahn West beginnen. Um dies zu verhindern, hatten sich Demonstranten mit der hessischen Bereitschaftspolizei wahre Gefechte geliefert, die neben zahllosen Verletzten auch zwei Todesopfer gefordert hatten; zeitweise standen selbst die Familienangehörigen von Flughafenmitarbeitern unter Polizeischutz.

Die Piste 18/36 konnte 1984 endlich in Betrieb genommen werden. Etwas über ein Jahrzehnt später wurde Terminal 2 eröffnet, das an der Stelle des ersten Terminals Ost errichtet worden war. Erneut zehn Jahre später steuerte Frankfurt auf ein Déja-vu-Erlebnis zu, denn der weitere Ausbau der Airports wurde hart diskutiert und wuchs sich erneut zum Politikum aus.

Die Pläne für die 2.800 mal 45 Meter messende Landebahn Nordwest stießen nämlich ebenfalls auf Widerstand, wenn auch bei weitem nicht auf derart gewalttätige Proteste wie seinerzeit die gegen die Startbahn West. Die Gegner führten ihre Geschütze diesmal in Form von Gutachten auf, die vor allem den Standort der Piste nahe des Chemiewerks Ticona als ernst zu nehmende Gefahr für Leib und Leben der umliegenden Bevölkerung kritisierten. Das Werk wurde daher in den Industriepark Höchst verlegt, und schon ab Winterflugplan 2011/2012 soll die neue Runway in Betrieb genommen werden. Sie wird die dritte Parallelbahn mit der Designation 07L/25R sein; die bisherige Start- und Landebahn mit diesem Namen wird dann den Zusatz „C" (für Center) erhalten. Eine weitere Auflage, nämlich ein Nachtflugverbot zwischen 23 Uhr und fünf Uhr morgens, wurde von der hessischen Landesregierung bereits gekippt: Nach Inbetriebnahme der Landebahn Nordwest dürfen in den genannten Nachtstunden 17 Flugbewegungen vorrangig von am Airport ansässigen Frachtfluggesellschaften durchgeführt werden. Als Begründung wurde zu Recht die internationale Bedeutung Frankfurts im Passagier- und Frachtflugverkehr genannt.

Allerdings rechnet alleine Homecarrier Lufthansa bis 2020 mit mindestens 41 nächtlichen Flugbewegungen; bis dahin soll auch das Passagieraufkommen auf über 88 Millionen Fluggäste jährlich angewachsen sein. Dies ist ein handfester Grund für den Ausbau von FRA, weshalb zusätzlich zum Bau der Landebahn Nordwest auch im Süden des Flughafenareals gegraben wird. Auf dem Gelände der einstigen US Air Base entsteht das künftige Terminal 3 für 25 Millionen Passagiere mit vier Piers, 75 Flugzeugpositionen und einem Bahnanschluss an die Terminals 1 und 2 sowie an den Fern- und den Regionalbahnhof. Der erste Bauabschnitt soll 2013/2014 fertig gestellt werden.

Davon unabhängig musste die Flughafenbetreiberin Fraport AG auch Sorge tragen, dass der Airport für den Einsatz des Airbus A380 gerüstet wird, der seit Sommer 2010 auch von der Lufthansa eingesetzt wird. Der erste Bauabschnitt der großen A380-Werft neben Terminal 3 wurde bereits 2008 beendet. Gleichzeitig wurde bei laufendem Flugbetrieb zwischen den Terminals 1 und 2 der sogenannte CD-Riegel mit weiteren A380-Gates fertig gestellt. In der westlichen Verlängerung von Terminal 1, das für die Lufthansa und ihre Partnerfluggesellschaften reserviert ist, entsteht ebenfalls exklusiv für die Lufthansa bis 2012 der Flugsteig A Plus für sechs Millionen Passagiere, an dem bis zu sieben Großraumflugzeuge (davon vier A380) oder elf Kurzstrecken-Jets gleichzeitig bedient werden können.

Das sind jedoch bei weitem nicht die einzigen Einrichtungen, die der Flughafen Frankfurt vorweisen kann. Denn immerhin verfügt er seit 2006, als in Deutschland die Fußball-Weltmeisterschaft ausgetragen worden ist, auch über ein WM-Terminal, das in einem renovierten Gebäude auf der ehemaligen US Air Base eingerichtet worden war. Zudem gibt es ein eige-

Der Flugsteig A Plus ist eine Erweiterung von Terminal 1. Er soll 2012 eröffnet und exklusiv von Lufthansa genutzt werden. In A Plus sollen vier A380 oder Boeing 747-8 bzw. elf Kurzstrecken-flugzeuge gleichzeitig abgefertigt werden.

Rechts: Die Landebahn Nordwest wird Frankfurts dritte Parallelpiste. Sie soll ab der Winterflugplanperiode 2011/2012 in Betrieb gehen.

nes First-Class-Terminal für die Premium-Passagiere der Lufthansa, die von dort aus mit Mercedes oder Porsche direkt zum Flugzeug gefahren werden.

Und wie es sich für einen Weltklasse-Flughafen gehört, verfügt FRA auch über eine vollautomatische Gepäckanlage, die noch heute ihresgleichen sucht, obschon sie bereits 1972 in Betrieb genommen worden war. Auf 67 Kilometern Gurtbahnen und Rollbändern werden jährlich knapp 39 Millionen Gepäckstücke verladen, und das bei einer Zuverlässigkeit von über 99 Prozent.

Doch die Logistik wird in FRA ohnehin groß geschrieben. Immerhin zählt der Flughafen auch zu den größten Frachtumschlagplätzen der Welt, an dem jährlich um die zwei Millionen Tonnen Luftfracht und -post bewegt werden; im Jahr 2009 stand Deutschlands größtes Drehkreuz unter den 100 wichtigsten Frachtflughäfen weltweit auf Platz 9.

Was in Frankfurt fehlt, ist wohl höchstens der Billigflugverkehr. Doch hier entschied man sich, die Drehscheibe ausschließlich den sogenannten Netzwerk-Carriern vorzubehalten und das Billigflugsegment auf den Flughafen Hahn auszulagern, der deshalb innerhalb weniger Jahre in die Top Ten der deutschen Verkehrsflughäfen hineinwuchs. Aber auch das zweite Lufthansa-Drehkreuz in München sorgt für Erleichterung in Frankfurt, da der Kranich dort zusätzliches Wachstum generieren kann, ohne seinen Heimatflughafen zu belasten. ■

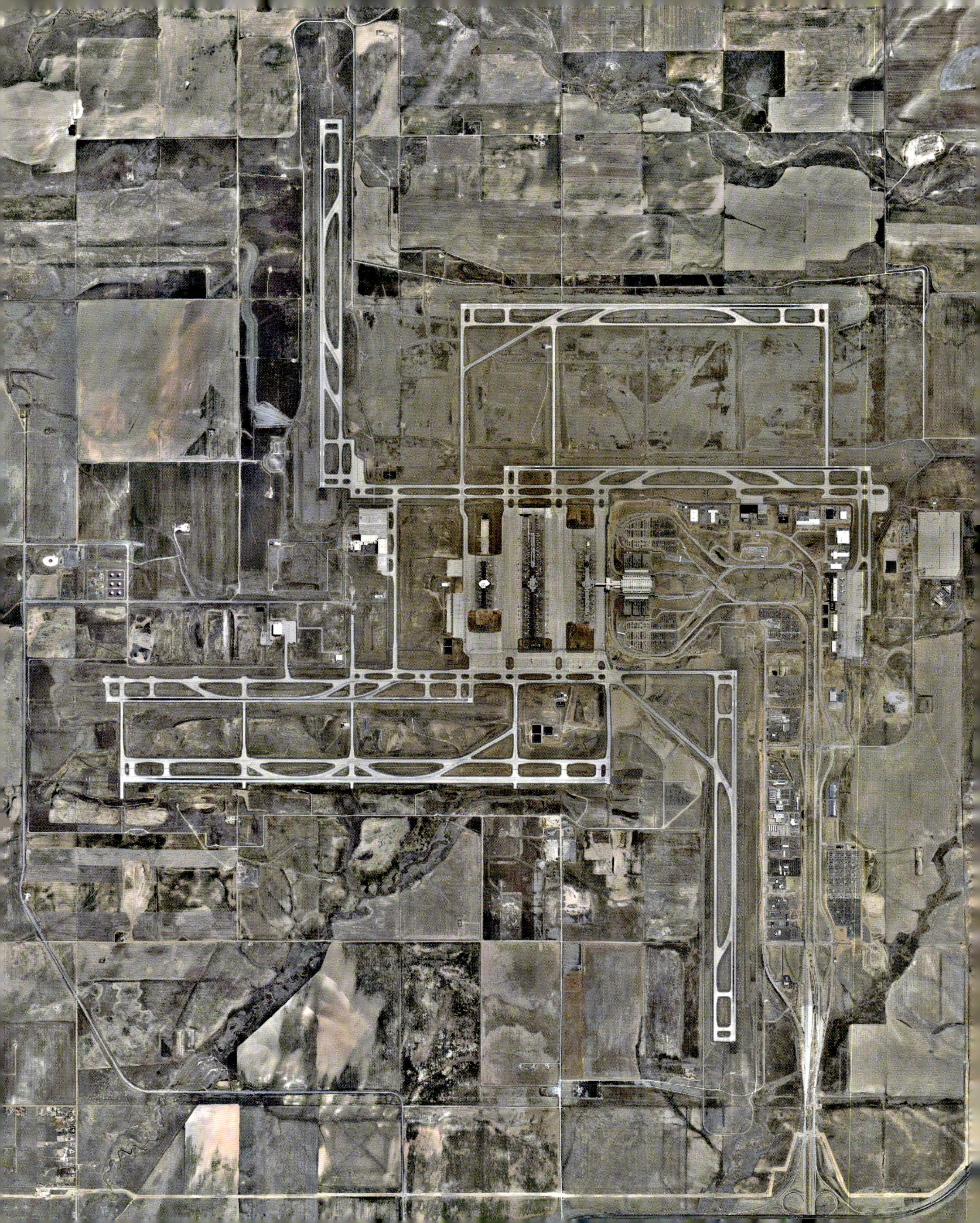

TOP 100 NO. 10

Denver International Airport

Flughafen mit Nebeneinkünften

Noch anderthalb Jahrzehnte nachdem er in Betrieb genommen worden ist, hängt dem Flughafen von Denver nach, was seine Eröffnung zunächst verzögert und dann durch die Weltpresse gehen ließ: Das vollautomatische, computergesteuerte Gepäcksystem, das nie wirklich funktioniert hat und im Jahr 2005 endgültig aufgegeben wurde. Dabei wurde die Anlage, wegen der sich die Eröffnung des Airports vom 31. Oktober 1993 auf den 28. Februar 1995 verschoben hatte, ausschließlich von United Airlines und nur für abgehende Flüge aus Denver genutzt, während die Flughafenbetreiber für alle anderen Fluggesellschaften vom ersten Tag an auf eine bewährte Technologie in der Gepäckabfertigung gesetzt hatten.

Allerdings hält United mit einem Marktanteil von 46 Prozent unangefochten die Spitzenstellung am Airport im Herzen der Vereinigten Staaten, was dazu beigetragen haben mag, dass der Flopp mit der Gepäckanlage überhaupt erst weltweite Häme erzielen konnte.

Die Nummer zwei vor Ort ist auch die zweite Heimatfluggesellschaft in Denver, nämlich Frontier Airlines, die mit 22 Prozent Marktanteil vor Southwest Airlines mit ihren 15 Prozent liegt. Letztere hatte den Airport erst Anfang 2006 in ihr Streckennetz aufgenommen; inzwischen bedient sie ab DEN, so der IATA-Code, 144 Nonstoprouten.

Internationaler Verkehr spielt am Denver International Airport kaum eine Rolle. Lufthansa fliegt nach Frankfurt und München, British Airways nach London, und natürlich bieten Air Canada und Mexicana diverse Frequenzen in das nördliche bzw. südliche Nachbarland an, doch damit erschöpfen sich die grenzüberschreitenden Flugverbindungen ab DEN auch schon. Dabei bemüht man sich aktiv vor allem um Dienste nach Asien; immerhin gab es vor Jahren bereits auch Flüge von Korean Airlines, die in Denver immerhin die Beifracht, auf dem Zwischenstopp in San Francisco dann das Gros der Passagiere aufgenommen hatten. Doch auch ohne die internationale Streckenvielfalt floriert der Airport, denn die rund drei Millionen Menschen im Großraum Denver sind auf den Luftverkehr angewiesen: In einem Radius von 500 Meilen rund um die Stadt gibt es nichts als Prärie auf der einen und Berge auf der anderen Seite. So entstammt denn auch etwas über die Hälfte der Passagiere, nämlich 55 Prozent, dem sogenannten „Origin-&-Destination“-Verkehr, dessen Fluggäste in Denver abfliegen oder ankommen.

Links: Die Piste 16R/34L (ganz links unten im Bild) ist mit einer Länge von 4.877 Metern eine der längsten, zivil genutzten Start- und Landebahnen der Welt.

Das Terminal wird überspannt von einem Dach, dessen Form sowohl an die Gipfel der Rocky Mountains als auch an die Zeltspitzen indianischer Tipis erinnert.

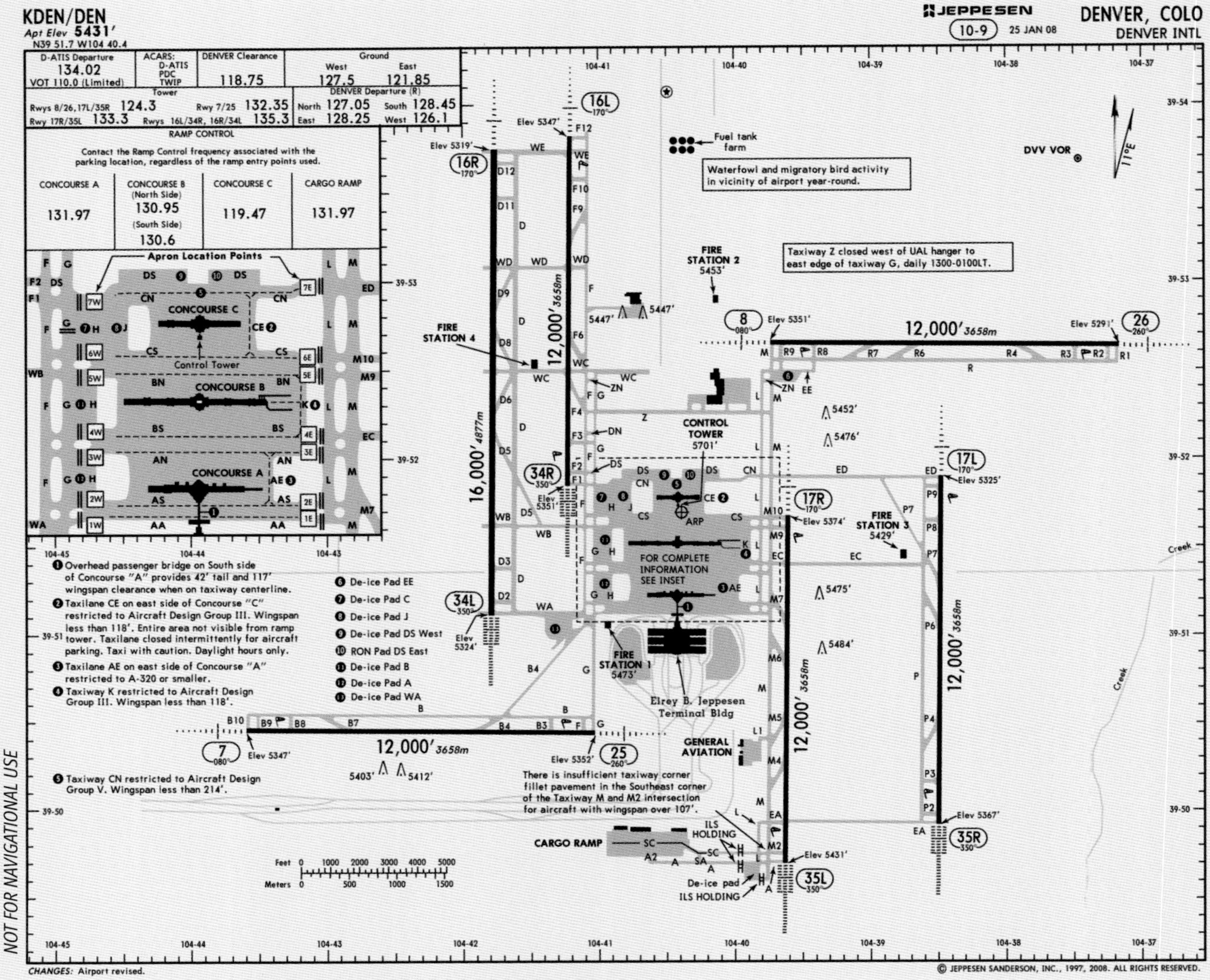

Denver International Airport

Eröffnet	1995
IATA-Code	DEN
Eigentümer	City and County of Denver
Betreibergesellschaft	City and County of Denver
Heimatfluggesellschaften	United Airlines, Frontier
Geograph. Lage	39°50'57"N, 104°40'23"W
Höhe über NN	1.655 m
Fläche	13.780 ha
Flughafenmitarbeiter	› 31.000
Passagiere	50.167.485
Flugbewegungen	607.019
Fracht	224.375 t

Start- und Landebahnen	17L CAT I/35R CAT III, 3.658 m 17R CAT I/35L CAT III, 3.658 m, 16L CAT I/34R CAT III, 3.658 m 16R CAT I/34L CAT III, 4.877 m, 07 CAT I/25 CAT I, 3.658 m 08 CAT I/26 CAT I, 3.658 m
Terminals	1
Gates	95
Flugzeugparkpositionen	62
Betriebszeiten	24 h
Homepage	www.flydenver.com

Dem nahen Gebirge verdankt die Stadt Denver ihr Wahrzeichen. Die berühmte Zeltdachkonstruktion des Jeppesen-Terminals mit seinen weißen Kuppeln ist den schneebedeckten Gipfeln der Rocky Mountains nachempfunden, die sich scharf am Horizont abzeichnen.

Weit weniger entfernt, aber dennoch winzig klein vom Flughafen aus gesehen, recken Öl- und Gasförderanlagen ihre diversen Türme und Kolben in die Luft, denn das Land, auf dem der Airport steht, bietet reichlich dieser Ressourcen, deren Förderung jedes Jahr einige Millionen Dollar zusätzlich einbringt. Dennoch setzt man in DEN eher auf regenerative Energien: Seit Februar 2008 erstreckt sich auf drei Hektar des Geländes ein Solarpark, der jährlich 3,5 Millionen Kilowattstunden Strom für den Airport produziert. Die Flughafenfahrzeuge werden sowohl mit Benzin als auch mit Gas betrieben, und alles, was durch die Gepäcktunnel rollt, läuft mit Strom, um Abgase zu vermeiden.

An Platz ist wahrlich kein Mangel am Flughafen Denver. Was nicht genutzt wird, ist an Farmer verpachtet, wobei DEN für die Finanzierung des Saatguts und die Bauern für dessen weitere Verwendung zuständig sind; der Erlös wird geteilt. Immerhin ist DEN der flächenmäßig größte zivile Airport in den Vereinigten Staaten; doppelt so groß wie Manhattan, bietet er neben den bereits erwähnten Aktivitäten Platz für sechs Start- und Landebahnen, zwischen denen das nach dem Flugpionier Elrey Jeppesen benannte Terminal samt seinen drei hintereinander angeordneten Satelliten, den Concourses A, B und C, liegt. Die wiederum sind mit dem zentralen Abfertigungsgebäude über einen unterirdischen People-Mover verbunden.

Der Airport wurde auf jährlich 50 Millionen Passagiere ausgelegt und war im Jahr 2009 fast zu 100 Prozent ausgelastet. Er wurde aber so konzipiert, dass er praktisch ohne Beeinträchtigung des laufenden Flugbetriebs erweitert werden kann. Die Satelliten beispielsweise können nach Westen und Osten mit zusätzlichen Gates versehen werden, darüber hinaus gibt es Platz für zwei weitere Satelliten D und E. Auch für ein zweites Terminal samt Piers sowie noch einmal sechs Start- und Landebahnen findet sich genügend Raum, und nach seinem Endausbau, der rein nach Bedarf erfolgen wird, soll DEN dann 300 Gates und Kapazitäten für bis zu 110 Millionen Fluggäste vorhalten.

Soweit ist es jedoch noch lange nicht. Dafür wird in Phase 1 des sogenannten South Terminal Redevelopment Programs bis 2013 erst einmal ein unmittelbar südlich an das Jeppesen-Terminal anschließendes Vier-Sterne-Hotel mit 500 Zimmern, Tagungs- und Konferenzzentrum errichtet. Das schon lange überfällige Airport-Hotel wird integriert in eine teilweise überdachte

Das lichtdurchflutete Jeppesen-Terminal wird in der Ankunfts- und Check-in-Ebene durch Wasserspiele gekühlt.

In Concourse A, der als einziger der drei Satelliten durch eine Fußgängerbrücke mit dem Terminal verbunden ist, werden alle internationalen Ankünfte abgewickelt, weshalb dort häufig Großraumgerät zu sehen ist.

Platz ohne Ende gibt es auf dem Hochplateau, auf dem sich Stadt und Flughafen von Denver erstrecken. In einem Radius von 500 Meilen rund um Denver dominiert nicht der Mensch, sondern die Natur.

Southwest Airlines fertigt ihre Flüge am nördlichsten und kleinsten Concourse C ab. Sie bedient den Airport erst seit 2006, doch inzwischen ist die hochgelegene Metropole im US-Bundesstaat Colorado ihr fünftstärkster Markt.

Plaza mit Restaurants und Einzelhandelsflächen. Direkt darunter soll eine Bahnstation gebaut werden. Auch die ist längst notwendig, denn bislang ist der Flughafen nur per PKW oder eben mit verschiedenen Buslinien – die Express-Verbindung in die rund 40 Kilometer entfernte Innenstadt von Denver nimmt eine knappe Stunde in Anspruch – zu erreichen. Das soll sich im Laufe dieser Dekade ändern, und so wird im Rahmen des „Regional Transportation District's FasTracks Program" ab 2016 alle 15 Minuten eine elektrisch betriebene Regionalbahn die 30-minütige Fahrt zwischen Airport und Stadtmitte aufnehmen. Der wegen seiner Zeltdachkonstruktion gerühmte Flughafen wird in diesem Zusammenhang übrigens mit einer Signature Bridge genannten Bahnbrücke über die Zubringerstraße Peña Boulevard gleichzeitig ein neues und mindestens ebenso kühn geformtes Wahrzeichen erhalten.

Die Kosten für den Ausbau, der im Übrigen auch mehr Platz für Ticket- und Check-in-Schalter bringen wird, sollen sich auf rund 650 Millionen US-Dollar belaufen. Eine zweite Bauphase nach 2016 sieht die Errichtung weiterer Parkflächen sowie die Renovierung und Modernisierung des Terminalgebäudes vor und wird schon jetzt mit etwa 250 Millionen US-Dollar zusätzlich veranschlagt. ■

Südlich des Jeppesen-Terminals entsteht bis 2013 die Plaza mit Shoppingmall, Restaurants, Airport-Hotel und Konferenzzentrum sowie ein Bahnhof für den lange überfälligen Anschluss an die Innenstadt von Denver.

Am 5. Februar 2006 brach in Madrid-Barajas ein neues Zeitalter an: Das neue Terminal 4 wurde in Betrieb genommen, und die Fluggäste ebenso wie die Mitglieder der Oneworld-Allianz um Madrids Heimatfluggesellschaft Iberia konnten die Abfertigung an Spaniens größtem Flughafen endlich wieder genießen. Denn der alte Terminalkomplex, dessen Wurzeln bis in die 1970er-Jahre zurückreichen, ein kilometerlanger Gebäudeschlauch, der sich in T1 bis T3 unterteilt, war längst zu klein geworden und für die Wachstumsbestrebungen von Iberia eher hinderlich. Seit 2006 jedoch können die Fluggesellschaften vor Ort aus dem Vollen schöpfen, was sich zunächst an den Wachstumsraten zeigte: 2007 wuchs das Passagieraufkommen am zehntgrößten Airport der Welt erstmals wieder um 14 Prozent, nachdem sich die Steigerungsraten in den Jahren davor kontinuierlich um acht Prozent bewegt hatten. Allerdings sorgte die Finanzkrise ab Herbst 2008 dann für rückläufige Passagierzahlen, doch diesen Kummer teilt Madrid mit knapp zwei Drit-

Madrid Barajas International Airport

Spaniens Tor in die Welt

teln der 100 weltgrößten Airports. Zahlreiche neue Frequenzen von Homecarrier Iberia (Marktanteil rund 60 Prozent) zeugen dennoch von der regen Nutzung der zusätzlichen Kapazitäten am Airport. Und so werden nicht nur die Ziele in Südamerika – traditionell wichtige Destinationen – ausgebaut, sondern auch neue Wege nach Asien beschritten. Ob Dubai, Damaskus, Mumbai, Delhi, Singapur, Schanghai, Beijing oder Bangkok, es gibt kaum noch einen weißen Fleck im Streckennetz ab MAD, so der IATA-Code des Flughafens. Die wichtigsten Destinationen liegen dennoch im Inland: Palma de Mallorca, Las Palmas und Barcelona. Die katalanische Stadt wird im viertelstündlichen Rhythmus angesteuert, und zwar nicht nur von Iberia im Shuttle, sondern auch von den beiden anderen Heimatfluggesellschaften Air Europa und Spanair.

Der Barcelona-Shuttle, der am anderen Ende der Strecke sogar in einer eigenen Abflughalle abgefertigt wird, verlässt Madrid am neuen Terminal, wo ein eigener Check-in-Bereich vor den entsprechenden Gates am „bläulichen Ende" des 1,2 Kilometer langen, der Check-in-Halle vorgelagerten Piers reserviert ist. Die Farben der Deckenstreben des in Nord-Süd-Richtung ausgerichteten Gebäudes folgen nämlich den Spektralfarben von blau im Norden nach rot im Süden. Folgerichtig werden auch die Flüge je nach geographischer Lage des Zielorts an roten, orangefarbenen, grünen oder blauen Gates abfertigt. Ein bestechend einfaches Konzept, auf das aber am drei Kilometer entfernten Satelliten T4S verzichtet wurde. Dort werden fast ausschließlich die internationalen Flüge in die sogenannten Non-Schengen-Länder von Iberia und ihren Partnern der Oneworld-Allianz abgefertigt.

Terminal und Satellit verfügen über eine Jahreskapazität von 35 Millionen bzw. 15 Millionen Fluggästen sowie über 38 bzw. 26 Fingerpositionen. Die beiden Gebäude, die unter dem Kürzel NAT (New Terminal Building) zusammengefasst werden, sind im Zwei-Minuten-Takt über den automatischen „Passenger-Mover", der bis zu 20.000 Passagiere pro Stunde befördern kann, miteinander verbunden. Der Flughafen Madrid weist mit diesen Einrichtungen Kapazitäten für bis zu 70 Millionen Reisende pro Jahr auf.

Links: Nur wenige Dörfer säumen den Airport, der von Anfang an weitab der dicht besiedelten Hauptstadtregion angelegt worden war. Allerdings wuchs die Stadt seither schon beträchtlich an ihren Airport heran.

Die Deckenstreben im Inneren von Terminal 1 sind an dessen nördlichem Ende tiefblau, nach Süden hin verfärben sie sich, um am anderen Ende leuchtend rot zu erstrahlen.

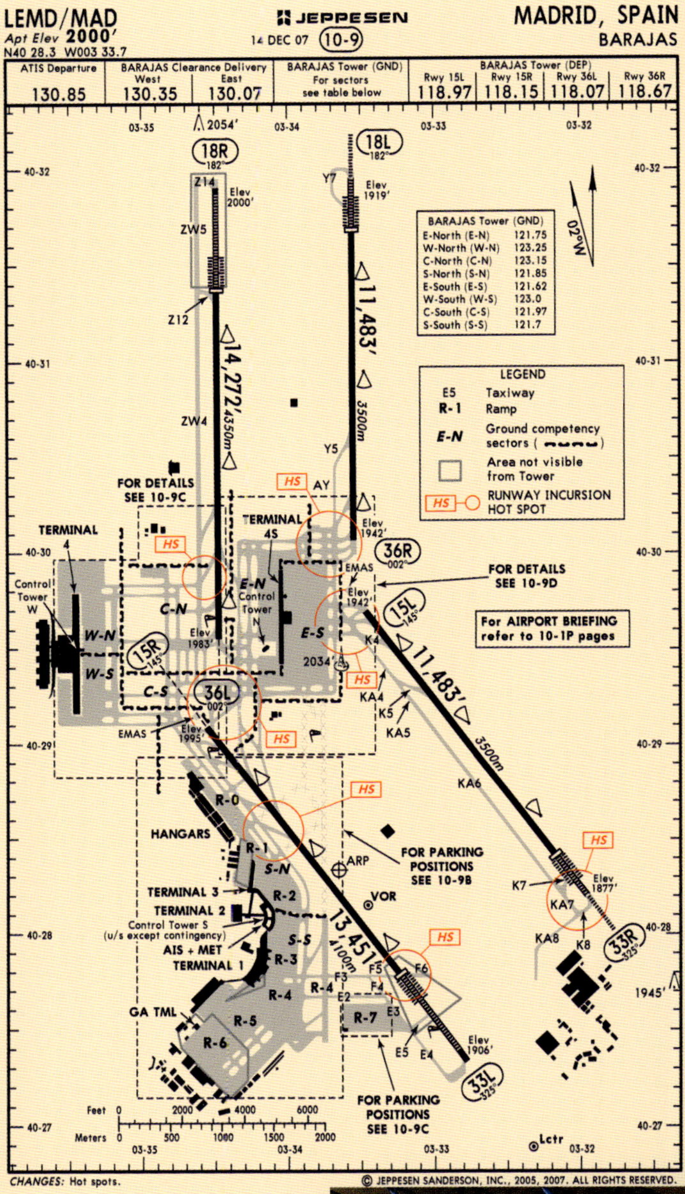

NOT FOR NAVIGATIONAL USE

Madrid Barajas International Airport

Eröffnet	1931
IATA-Code	MAD
Eigentümer	Aeropuertos Españoles y Navegacion Aerea (AENA)
Betreibergesellschaft	AENA
Heimatfluggesellschaft	Iberia
Geograph. Lage	40°28'20"N, 3°33'39"W
Höhe über NN	609 m
Fläche	2.400 ha
Start- und Landebahnen	18L CAT III/36R, 3.500 m 18R CAT III/36L, 4.350 m 15L/33R CAT III, 3.500 m 15R/33L CAT III, 4.100 m
Terminals	3
Gates	107
Flugzeugparkpositionen	148
Flughafenmitarbeiter	› 30.000
Passagiere	48.250.784
Flugbewegungen	435.179
Fracht	331.422 t
Betriebszeiten	24 h
Homepage	www.aena.es

Am nördlichen Ende von Terminal 3 starten die Flugzeuge des Barcelona-Shuttles. Iberia fliegt fast im 15-Minuten-Takt auf dieser Rennstrecke, die zu den meistfrequentierten Routen in ganz Europa gehört.

Das sind Zahlen, von denen zu Beginn der spanischen Zivilluftfahrt noch niemand zu träumen wagte. Dennoch verfügte die Stadt Madrid bereits um 1920 mit Getafe und Carabanchel über mehrere Flugplätze. In weiser Voraussicht entschieden sich die Stadtväter, noch einen weiteren Lufthafen mit reichlich Erweiterungsflächen für die Zukunft zu bauen. Die Wahl für den Standort des neuen internationalen Flughafens fiel auf ein etwa 500 Hektar großes Plateau nahe der Ortschaft Barajas, wo 1928 mit dem Bau begonnen wurde. Drei Jahre später folgte die Eröffnung, und Ende 1933 nahm Lineas Aereas Postales Españolas (LAPE) kommerzielle Dienste nach Barcelona auf.

Zunächst verfügte der Platz nur über ein kleines Terminal, mehrere Hangars und eine Graspiste; erst 1944 erhielt er eine richtige Start- und Landebahn aus Asphalt. In den fünfziger Jahren, als über eine halbe Million Fluggäste jährlich den Flughafen nutzten, standen bereits fünf Runways zur Verfügung, die jedoch mit Beginn des Jet-Zeitalters Anfang der sechziger Jahre den neuen Anforderungen an längere und breite Pisten weichen mussten. Es entstanden zwei sich kreuzende Bahnen sowie in den siebziger Jahren, als bereits rund zehn Millionen Fluggäste den Airport nutzten, ein neues internationales Passagierterminal, während das alte Abfertigungsgebäude für die Inlandsflüge rechtzeitig zur Fußball-WM von 1982 renoviert wurde. Gleichzeitig entspann sich eine Debatte über die Zukunft des Airports, dessen Ausbau in den neunziger Jahren nach dem sogenannten „Plan Barajas“ genehmigt wurde. So erhielt der Flughafen eine neue Start- und Landebahn 18L/36R, die 1998 in Betrieb genommen wurde und mit ihren Maßen von 4.360 mal 60 Metern die längste in Europa wurde. Selbst den Anforderungen eines Großraumflugzeugs wie dem Airbus A380 tut sie spielend Genüge, doch wurde die Piste weniger im Hinblick auf künftige Großraumgeräte konzipiert, sondern eher mit Rücksicht auf die geographischen Gegebenheiten des Flughafens. Bei einer Höhe von 609 Metern über dem Meeresspiegel und Temperaturen von weit über 30 Grad Celsius im Sommer benötigen die Flugzeuge eine längere Startrollstrecke. Gleichzeitig mit Eröffnung des neuen Terminalkomplexes wurde die vierte Piste 15L/33R in Betrieb genommen, so dass MAD nun über je zwei Parallelbahnen verfügt, die bei 120 Flugbewegungen pro Stunde den Simultanbetrieb erlauben.

Die alten Terminals waren durch die Inbetriebnahme von T4 und T4S zunächst verwaist, denn mit dem Umzug von Iberia wanderten gut 70 Prozent aller Passagiere ab. Vor allem die Geschäftsleute hatten Grund zur Klage, aber zumindest in Terminal 1, dem modernsten der drei alten Abfertigungsgebäude, hat sich die Lage entspannt, denn dort sind unter anderem die meisten Mitglieder der Star Alliance angesiedelt. Terminal 2 dagegen wird von den Partnern der SkyTeam-Allianz bevölkert, während Terminal 3 gerade noch von vier spanischen Regionalfluggesellschaften genutzt wird.

Kaum zu glauben, dass dieses wichtige Drehkreuz praktisch vor der Haustür seiner Stadt angesiedelt ist. Der Flughafen befindet sich nur zwölf Kilometer von Madrids Innenstadt entfernt, an die er seit 1998 per U-Bahn angeschlossen ist und die innerhalb von 20 Minuten zu erreichen ist. Eine Stichstrecke führt bis zum neuen Terminal 4, allerdings ist dieser Teil der U-Bahnfahrt zuschlagpflichtig. Zudem wurde auch eine Verbindung durch Cercanias Madrid, das Madrider Regionalbahnnetz, zwischen dem neuen Terminal und der spanischen Metropole geschaffen. ■

Auch außen am 1,2 Kilometer langen Pier, der Terminal 3 vorgelagert ist, zeigen die Spektralfarben die Himmelsrichtung an.

TOP 100 NO. 12

New York John F. Kennedy International Airport

Einzug der Moderne

Was vor wenigen Jahren noch für Aufregung in Chicago O'Hare gesorgt hatte, erregte kurze Zeit später die Gemüter an der Ostküste. Denn die drei New Yorker Flughäfen, John F. Kennedy, Newark Liberty und der Inlandsflughafen LaGuardia, sind chronisch überfüllt. Durchschnittlich ein Drittel aller Flüge von und nach JFK sind verspätet, und damit sich das ändert, hat die US-amerikanische Luftfahrtbehörde Federal Aviation Administration (FAA) die Zahl der Flugbewegungen drastisch reduziet – auf 80 während des Tages und 81 zu den Tagesspitzenzeiten. In einem weiteren Schritt sollte sogar ein Teil der Slots, also die Zeitfenster für einzelne Starts und Landungen, unter den Airlines versteigert werden, doch vor allem Fluglinien, die an den New Yorker Flughäfen ihre Drehkreuze unterhalten wie Continental Airlines in Newark und American Airlines, Delta Air Lines oder JetBlue in JFK sahen dadurch ihre Wettbewerbsfähigkeit gefährdet und schmetterten die Auktionspläne erfolgreich ab. Noch schädlicher für das Geschäft sind die Verzögerungen, die zu Stoßzeiten fast die Hälfte der Flüge beeinträchtigen und damit nicht nur zu langen Schlangen vor den Start- und Landebahnen führen, sondern sich auch auf den Flugverkehr in den gesamten Vereinigten Staaten auswirken: 75 Prozent aller Verspätungen auf den US-Flughäfen sollen ihren Ursprung in New York haben.

Sogar international sind die Folgen der Verstopfung im „Big Apple" noch spürbar, denn immerhin ist JFK für die meisten ausländischen Fluggäste die erste bzw. letzte Station in den Vereinigten Staaten. Mehr als 50.000 internationale Passagiere pro Tag, vorzugsweise unterwegs nach bzw. aus London, Tokio, Frankfurt und Paris frequentierten JFK im Jahr 2009. Nahezu 100 Fluggesellschaften aus 50 Ländern fliegen den Kennedy Airport an; dazu kommen die zahlreichen Inlandsverbindungen, so dass der Flughafen im Jahr 2009 knapp 46 Millionen Fluggäste verzeichnete. Alle drei New Yorker Airports zusammen kamen auf gut 101 Millionen Passagiere, was weltweit nur durch die 118 Millionen Reisenden im Großraum London getoppt wurde.

Der Big Apple sorgt eben immer wieder für Schlagzeilen, und wenn es heute die Unpünktlichkeit ist, so war JFK noch in den 1990er-Jahren berühmt-berüchtigt ob seiner alten, ungepflegten Terminals und unfreundlichen Mitarbeiter. Gerade das zeigt, wie vergänglich auch die größten Probleme sind, denn die Betreiberin der drei New Yorker Flughäfen, die Port Authority of New York and New Jersey, hat seither zusammen mit den großen Airlines vor Ort einen modernen Airport geschaffen, der ein adäquates Gateway zu dieser atemberau-

Seite 72: JFK verfügt mit der Piste 13R/31L (ganz links senkrecht) über eine der längsten zivilen Runways der Welt – nur Denver weist eine längere auf.

Terminal 4 war erst im Jahr 2001 in Betrieb genommen worden, 2010 wurden erneute Expansionspläne für das Abfertigungsgebäude bekannt gegeben: Es soll bis 2015 mit Terminal 2 verbunden werden.

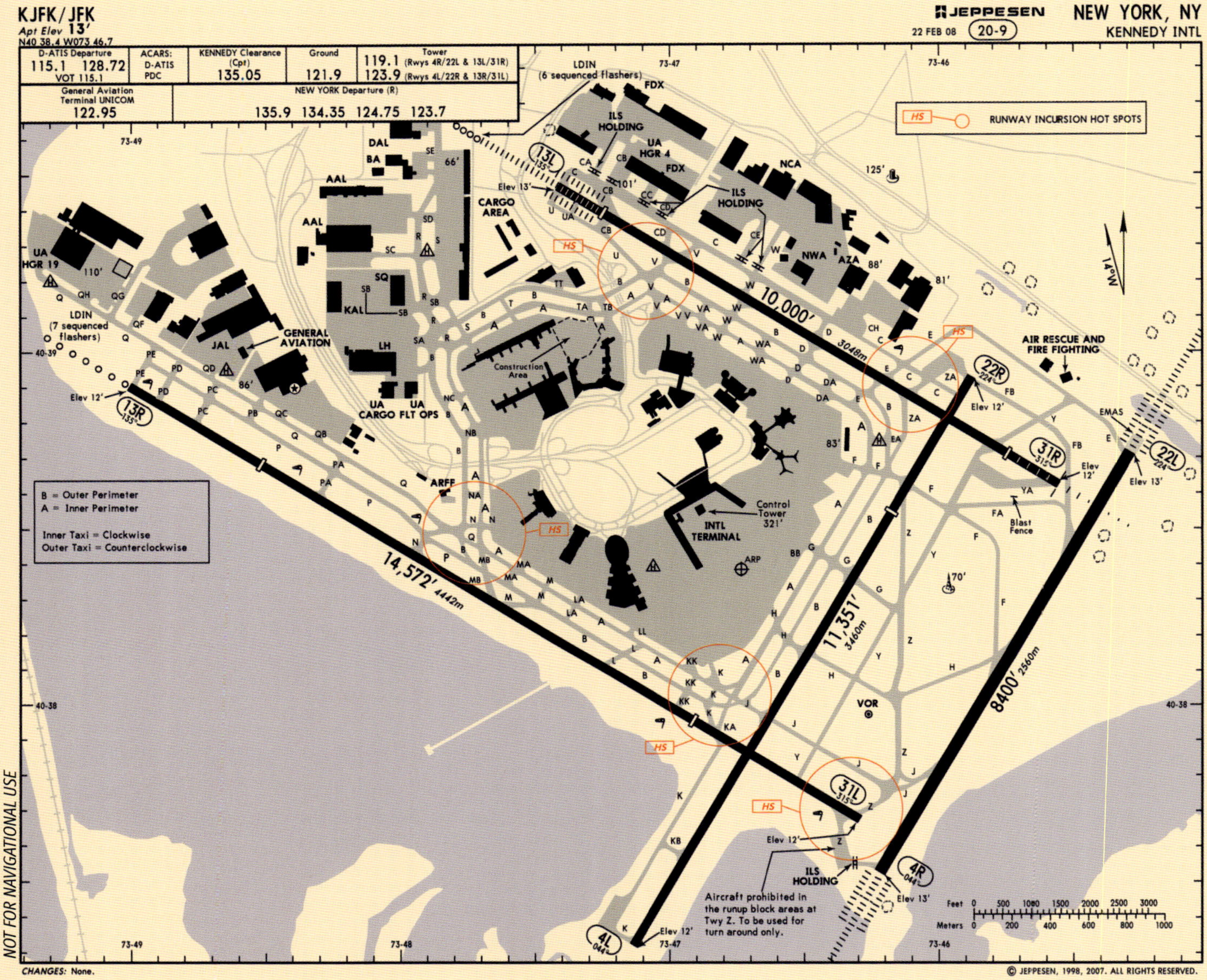

New York John F. Kennedy International Airport	
Eröffnet	1942
IATA-Code	JFK
Eigentümer	Geleast von der Stadt New York
Betreibergesellschaft	Port Authority of New York and New Jersey
Größte Fluggesellschaften	JetBlue Airways, American Airlines
Geograph. Lage	40°38'28"N, 73°46'41" W
Höhe über NN	4,0 m
Fläche	1.995,11 ha
Terminals	8
Gates	142

Start- und Landebahnen	4L CAT I/22R CAT I, 3.460 m 4R CAT IIIb/22L CAT III, 2.560 m 13L CAT II/31L CAT I, 3.048 m 13R/31L CAT I, 4.442 m
Flugzeugparkpositionen	k. A.
Passagiere	45.915.069
Flugbewegungen	416.945
Fracht	1.144.894 t
Flughafenmitarbeiter	› 35.000
Betriebszeiten	24 h
Homepage	www.panynj.gov

benden Stadt und in die USA abgäbe – wären da nicht die Verspätungen.

Eröffnet worden war JFK 1948 als New York International Airport auf dem ehemaligen Gelände des Golfplatzes Idlewild. Dieser Name sollte noch lange als Synonym für den Flughafen gelten, und er sowie das dazu passende offizielle Kürzel IDL verschwanden erst im Jahr 1963: Vier Wochen nach der Ermordung von John F. Kennedy wurde der Airport nach dem US-Präsidenten benannt, zugleich wurde der IATA-Code zunächst in KIA (Kennedy International Airport) und 1968 in JFK abgeändert.

Seine ursprünglichen neun Terminals hatte der Airport in den Jahren von 1958 bis 1971 erhalten, darunter die drei berühmten Abfertigungsgebäude, die jeweils nach ihren Hauptnutzern benannt worden waren: Der „Worldport" von Pan Am, heute Terminal 3, ist aus dem Jahr 1962, das unter Denkmalschutz stehende „TWA Flight Center", heute Terminal 5 und Heimstatt von JetBlue, ging ebenfalls 1962 in Betrieb, während das „Sundrome" von National Airlines 1970 eröffnet wurde und heute als Terminal 6 ebenfalls von JetBlue genutzt wird. Im Jahr 2000 beschloss die Port Authority eine Grundüberholung des Airports für zehn Milliarden Dollar. Der zentrale Terminalkomplex (Central Terminal Area, CTA) besteht jetzt aus acht Abfertigungsgebäuden, die kaum mehr Ähnlichkeit mit den Zuständen noch vor einer Dekade aufweisen. Terminal 1, dessen ursprüngliches aus dem Jahr 1958 stammende Gebäude 1994 abgerissen worden war, war durch ein modernes und gemeinsam von Air France, Japan Airlines, Korean Air und Lufthansa errichtetes Terminal ersetzt und im Mai 1998 in Betrieb genommen worden, während Delta die Terminals zwei und drei renovierte; die Überholung von Terminal 7 konnte dagegen in Zusammenarbeit mit British Airways finanziert werden. Auf dem Gelände der Terminals 8 und 9 entstand für den größten internationalen Carrier vor Ort, American Airlines, das Mega-Terminal 8, das die beiden alten Gebäude ersetzte und in dessen drei Concourses getrennt Ankunft, Abflug und Verwaltung untergebracht sind. Neu errichtet wurde auch das internationale Terminal 4, eine Glas-Stahl-Konstruktion, die Abfertigungseinrichtungen für fast 50 Fluggesellschaften bereitstellt. 2010 beschlossen die Betreiber dieses Terminals, die JFKIAT, eine Tochter der Schipol-Gruppe, zusammen mit der Port Authority und Delta, es bis 2013 für 1,2 Milliarden Dollar abermals zu erweitern und (zunächst) mit Terminal 2 zu verbinden; T3 wird bis 2015 abgerissen, später soll auch T2 folgen.

JFK gehört nicht nur auf dem Passagiersektor zu den größten Airports der Welt, sondern auch im Frachtgeschäft. Rund ein Fünftel der in die USA eingeführten Luftfracht wird am größten der drei New Yorker Flughäfen umgeschlagen, und rund 100 Cargo-Airlines fliegen JFK an. Von der Zahl der Flugbewegungen liegt der Airport dennoch nur an 13. Stelle innerhalb der Vereinigten Staaten und auf dem 18. Platz weltweit, was am überwiegenden Einsatz von Großraumgerät in JFK liegt. In gleichem Maße, in dem sich JFK vom Schrecken der Passagiere zu einem Weltklasseflughafen gemausert hat, verwandelte sich auch New York wieder in eine relativ sichere Stadt, deren Flughäfen bequem mit der U-Bahn zu erreichen sind. Mehrere Linien führen vom knapp 20 Kilometer entfernten Manhattan nach JFK, das über die sogenannte AirTrain, die auch die einzelnen Terminals miteinander verbindet, an das New Yorker U-Bahnnetz angeschlossen ist. ■

Direkt hinter das alte und unter Denkmalschutz stehende TWA Flight Center wurde ein neues Terminal 5 gesetzt. Gebaut und betrieben wird es von JFKs größter Airline, JetBlue Airways, deren Marktanteil vor Ort mehr als ein Drittel ausmacht.

Rang	Stadt (Airport)	Passagiere	+/- % zu 2008
1	Atlanta (ATL)	88.032.086	– 2,2
2	London Heathrow (LHR)	66.037.578	– 1,5
3	Beijing (PEK)	65.372.012	+ 16,9
4	Chicago O'Hare (ORD)	64.158.343	– 6,1
5	Tokio Haneda (HND)	61.903.656	– 7,2
6	Paris Charles de Gaulle (CDG)	57.906.866	– 4,9
7	Los Angeles (LAX)	56.520.843	– 5,5
8	Dallas/Fort Worth (DFW)	56.030.457	– 1,9
9	Frankfurt (FRA)	50.932.840	– 4,7
10	Denver (DEN)	50.167.485	– 2,1
11	Madrid (MAD)	48.250.784	– 5,1
12	New York Kennedy (JFK)	45.915.069	+ 4,0
13	Hongkong (HKG)	45.558.807	– 4,8
14	Amsterdam (AMS)	43.570.370	– 8,1
15	Dubai (DXB)	40.901.752	+ 9,2
16	Bangkok (BKK)	40.500.224	+ 4,9
17	Las Vegas (LAS)	40.469.012	– 6,3
18	Houston (IAH)	40.007.354	– 4,1
19	Phoenix (PHX)	37.824.982	– 5,2
20	San Francisco (SFO)	37.338.942	+ 0,3
21	Singapur (SIN)	37.203.978	– 1,3
22	Jakarta (CGK)	37.143.719	+ 15,2
23	Guangzhou (CAN)	3. 048.712	+ 10,8
24	Charlotte (CLT)	34.536.666	– 0,6
25	Miami (MIA)	33.886.025	– 0,5
26	Rom Fiumicino (FCO)	33.723.213	– 4,0
27	Orlando (MCO)	33.693.649	– 5,5
28	Sydney (SYD)	33.451.383	+ 0,4
29	New York Newark (EWR)	33.399.207	– 5,6
30	München (MUC)	32.681.067	– 5,4
31	London Gatwick (LGW)	32.398.979	– 5,3
32	Minneapolis (MSP)	32.378.599	– 4,9
33	Tokio Narita (NRT)	32.135.191	– 4,0
34	Schanghai Pudong (PVG)	32.102.549	+ 13,7
35	Detroit (DTW)	31.357.388	– 10,8
36	Seattle (SEA)	31.227.512	– 3,0
37	Philadelphia (PHL)	30.669.564	– 3,7
38	Toronto (YYZ)	30.368.339	– 6,1
39	Istanbul (IST)	29.854.119	+ 4,3
40	Kuala Lumpur (KUL)	29.682.093	+ 7,8
41	Seoul Incheon (ICN)	28.677.161	– 4,9
42	Barcelona (BCN)	27.301.662	– 9,8
43	Boston (BOS)	25.512.086	– 2,3
44	Neu-Delhi (DEL)	25.252.814	+ 8,6
45	Melbourne (MEL)	25.248.762	+ 1,4
46	Paris (ORY)	25.107.693	+ 4,2
47	Schanghai (SHA)	25.078.548	+ 9,6
48	Mumbai (BOM)	24.804.766	+ 1,9
49	Shenzhen (SZX)	24.486.406	+ 14,4
50	Mexico City (MEX)	24.243.056	– 7,5
51	Manila (MNL)	23.945.801	+ 8,7
52	Washington Dulles (IAD)	23.073.665	–2,7
53	Chengdu (CTU)	22.638.671	+ 31,2
54	Sao Paulo Guarulhos (GRU)	22.331.569	+ 6,4
55	New York La Guardia (LGA)	22.142.336	– 4,0
56	Zürich (ZRH)	21.916.406	– 0,6
57	Taipeh (TPE)	21.616.729	– 1,5
58	Palma de Mallorca (PMI)	21.197.399	– 7,1
59	Fort Lauderdale (FLL)	21.060.144	– 6,9
60	Baltimore (BWI)	20.963.048	+ 0,4
61	Dublin (DUB)	20.503.677	– 12,6
62	Salt Lake City (SLC)	20.442 178	– 1,7
63	London Stansted (STN)	19.957.221	– 10,7
64	Kopenhagen (CPH)	19.668.804	– 8,4
65	Brisbane (BNE)	19.066.724	+ 0,2
66	Kunming (KMG)	18.945.660	+ 19,7
67	Manchester (MAN)	18.842.123	– 12,0
68	Moskau Domodedowo (DME)	18.733.466	+ 8,4
69	Antalya (AYT)	18.403.617	+ 2,4
70	Honolulu (HNL)	18.168.746	– 3,5
71	Wien (VIE)	18.114.103	– 8,3
72	Oslo Gardermoen (OSL)	18.087.722	– 6,5
73	Düsseldorf (DUS)	17.792.853	– 2,0
74	Johannesburg (JNB)	17.607.255	– 5,5
75	Washington National (DCA)	17.568.095	– 2,5
76	Mailand Malpensa (MXP)	17.551.635	– 8,7
77	Chicago (MDW)	17.028.761	– 1,8
78	San Diego (SAN)	16.974.172	– 6,4
79	Brüssel (BRU)	16.970.654	– 8,2
80	Tampa (TPA)	16.965.545	– 7,1
81	Sapporo (CTS)	16.537.013	– 6,4
82	Vancouver (YVR)	16.347.845	– 9,4
83	Athen (ATH)	16.208.009	– 1,5
84	Stockholm (ARN)	16.098.571	– 11,4
85	Dschidda (JED)	15.996.770	+ 4,1
86	Fukuoka (FUK)	15.929.237	– 8,0
87	Seoul Gimpo (GMP)	15.370.096	+ 7,8
88	Xian (XIY)	15.294.811	+ 28,3
89	Bogota (BOG)	14.968.155	+ 10,5
90	Hangzhou (HGH)	14.944.716	+ 17,9
91	Moskau Scheremetjewo (SVO)	14.764.944	– 3,0
92	Osaka Itami (ITM)	14.562.851	– 6,8
93	Kairo (CAI)	14.378.842	+ 0,1
94	Berlin Tegel (TXL)	14.180.237	– 2,1
95	Chongqing (CKG)	14.038.045	+ 26,0
96	Naha (OKA)	14.036.910	– 7,5
97	Jeju (CJU)	13.643.833	+ 9,6
98	Sao Paulo Congonhas (CGH)	13.642.938	– 0,1
99	Osaka Kansai (KIX)	13.448.271	+ 16,0
100	Auckland (AKL)	13.300.394	+ 0,7

Die Top ACI-Flughäfen 13 bis 100

Hongkong

1998 hatte der auf einer künstlich aufgeschütteten Insel gebaute Flughafen Chek Lap Kok den berühmten Hongkonger Flughafen Kai Tak abgelöst.

Amsterdam

ist von den Passagierzahlen her Europas fünftgrößter Airport. Er ist der Heimatflughafen von KLM und bietet beste Verbindungen in die USA.

Dubai

Innerhalb von zwei Jahren rutschte Dubai International von Weltrang 27 auf 15 – den Unterschied machen rund 17 Millionen Passagiere mehr aus.

Las Vegas

Der McCarran Airport liegt inmitten der Spielerstadt. Wer hier an- oder abfliegt, kann bereits am Gate zocken.

Bangkok

2006 wurde der Suvarnabhumi Airport, Dreh- und Angelpunkt von Thai Airways International, in Betrieb genommen. Er ist heute der fünftgrößte Flughafen in Asien.

Houston

Bush Intercontinental war der Heimatflughafen von Continental Airlines, die mit United fusioniert. Ob IAH auch ohne sie floriert, werden die nächsten Jahre zeigen.

Singapur
Singapore Changi, der Hub im südostasiatischen Zwergstaat, gilt als der beste Flughafen der Welt.

San Francisco
Eingequetscht zwischen Ozean und Stadt, gibt es für den Airport an der Golden Gate Bridge keinen Platz mehr, um zu wachsen.

Phoenix
Bis zum Jahr 2015 rechnen die Betreiber mit 50 Millionen Fluggästen am Sky Harbor Airport.

TOP 100 NO.20

Miami

Der Airport in Südflorida ist das Gateway nach Südamerika – und seine Stadt ein traumhaftes Einkaufsziel für Schnäppchenjäger.

Sydney

Der Flughafen der australischen Metropole ist einer der ältesten der Welt: 1920 schon wurde er als Mascot Aerodrome eröffnet.

TOP 100 NO. 27

Orlando

Der Airport ist das Gateway zu den größten Attraktionen in Florida: Walt Disney World, Sea World, das Kennedy Space Center sowie seit Sommer 2010 die magische Welt des Harry Potter.

Tokio Narita

1978 war der Airport zur Entlastung von Haneda weitab von Tokio auf der grünen Wiese errichtet worden.

Detroit

Der Detroit Metropolitan Wayne County Airport – hier das McNamara World Gateway Terminal von Delta Air Lines – war einst die Hauptdrehscheibe von Northwest Airlines, die 2010 mit Delta fusionierte.

Toronto

Der größte kanadische Airport ist einer der wenigen Flughäfen weltweit, die im Liniendienst von einer A380 angeflogen werden: Seit Juni 2009 fliegt Emirates Airline von Dubai nach Toronto Pearson International.

TOP 100 NO. 41

Seoul

Der Flughafen Incheon liegt auf einer Inselaufschüttung vor dem südkoreanischen Festland. Der Airport wurde erst 2001 eröffnet, doch die Pläne für ein zweites Terminal liegen bereits ausgearbeitet in der Schublade. Schon 2011 könnten die Bauarbeiten losgehen, doch das ist abhängig von der weiteren Entwicklung der Luftfahrt im Fernen Osten.

Kuala Lumpur

Der malaysische Hauptstadtflughafen wies im Jahr 2009 ein Wachstum von knapp acht Prozent auf. Für das war nicht nur die Heimatfluggesellschaft Malaysia Airlines verantwortlich, sondern vorrangig der größte asiatische Billigflieger, AirAsia.

Barcelona

Das neue Terminal von „El Prat“ wurde erst im Juni 2009 in Betrieb genommen. Bis 2012 soll es einen Satelliten mit Kapazitäten für 15 Millionen Fluggäste pro Jahr erhalten – dann können rund 70 Millionen Passagiere am Barcelona Airport abgefertigt werden.

Washington Dulles

Das Terminal des internationalen Flughafens der US-Hauptstadt war von Anfang an auf Expansion ausgelegt.

Chengdu

Der Chengdu Shuangliu International Airport verfügt über zwei Runways und ein Terminal mit drei Concourses. Ein zweites Terminal soll bis 2012 in Betrieb gehen.

New York LaGuardia

Am drittgrößten Airport im Big Apple dürfen nur Flüge abgefertigt werden, deren Länge 2.400 Kilometer nicht übersteigt.

Palma de Mallorca

Der Aeropuerto de Son Sant Joan ist Spaniens drittgrößtes Drehkreuz. Die meisten Fluggäste sind Urlauber und stammen in großer Zahl aus Deutschland und Großbritannien.

Baltimore

Der Baltimore/Washington International Thurgood Marshall Airport wies 2009 ein zartes Wachstum um 0,4 Prozent auf. Er hat keinen Homecarrier, ist aber ein wichtiges Ziel für AirTran Airways und Southwest.

Salt Lake City

Der internationale Flughafen ist ein Inlandsdrehkreuz für Delta Air Lines. Nur wenige Dienste überhaupt führen ins Ausland – darunter nach Tokio Narita und Paris CDG.

Kopenhagen

Wie die meisten europäischen Flughäfen musste auch der von Kopenhagen – internationale Drehscheibe für SAS – im Jahr 2009 Passagierrückgänge hinnehmen.

Oslo

Der Flughafen Gardermoen ist nach Stockholm Arlanda Skandinaviens zweitgrößter Airport. Er wurde als internationales Gateway erst 1998 in Betrieb genommen und wies 2009 etwas über 18 Millionen Fluggäste auf. Über den Start des Ausbauprogramms – geplant sind ein weiterer Pier sowie ein zweites Terminal – sollte Ende 2010 entschieden werden.

TOP 100
NO. 75

Washington National

Der Reagan National Airport befindet sich fast in Sichtweite von Kapitol und Pentagon.

Mailand

Dem einst als vielversprechenden Langstreckenhub ausgebauten Airport Malpensa wurde zum Sommerflugplan 2008 praktisch der Boden unter den Füßen weggezogen, als der kurz vor dem Konkurs stehende Homecarrier Alitalia seine Aktivitäten vor Ort fast einstellte. Aufgefangen wurde Malpensa unter anderem durch die Dienste der neugegründeten Lufthansa Italia.

San Diego

Die Nummer 78 der Weltrangliste ist der größte US-Airport mit nur einer Start- und Landebahn. Die wichtigsten Airlines für den südkalifornischen Flughafen sind Southwest Airlines mit einem Marktanteil von mehr als 30 Prozent sowie Delta und American Airlines mit jeweils annähernd elf Prozent.

Vancouver

Der zweitgrößte kanadische Airport gilt weltweit als einer der besten seiner Klasse. Pünktlich zu den Olympischen Winterspielen 2010 war er mit neuen Gates – unter anderem für den Airbus A380 – ausgestattet worden.

TOP 100 NO. 82

Athen

Der Flughafen Athen Eleftherios Venizelos wurde als größtes Bauprojekt der neueren griechischen Geschichte von einem deutschen Konsortium um Hochtief AirPort geplant und gebaut.

Osaka

Der Kansai International Airport wurde 1994 auf einer künstlichen Insel, die zwar jahrelang absackte, sich dafür aber als erdbebensicher erwies, eröffnet.

İSTANBUL SABİHA GÖKÇEN INTERNATIONAL AIRPORT
İSTANBUL SABİHA GÖKÇEN

Wachstumsmärkte der Luftfahrt

Schwellenländer auf der Überholspur

Die Türkei macht in der Luftfahrt-Branche ja schon seit Beginn dieses Jahrhunderts von sich reden. Ihr Flagcarrier, Turkish Airlines, galt lange genug als Vorzeige- und Prestigeobjekt, das von den großen Airline-Allianzen als begehrter Partner umschwärmt wurde; das Rennen machte schließlich die Star Alliance, die den türkischen Carrier gar als neuen Stern innerhalb ihres Verbundes feierte. Gerade die Krisen der vergangenen Jahre – ob Irak-Krieg, SARS, Schweinegrippe oder Bankencrash – schienen an der Türkei fast unbemerkt vorbei zu ziehen, denn ungeachtet aller Probleme, die Fluggesellschaften und Flughäfen in Neuer und Alter Welt heimsuchten, galt das Land am Bosporus als Wachstumsmarkt schlechthin.

Der zweite Istanbuler Flughafen, der Sabiha Gökçen International Airport, wies im Jahr 2009 das rasanteste Wachstum von allen auf: Er legte um 52,3 Prozent auf 6,6 Millionen Fluggäste zu.

Nicht umsonst hat auch die Fraport AG schon vor Jahren in der Türkei investiert. Sie betrieb am Flughafen Antalya bereits ab 1998 das internationale Terminal 1, und mit neuer Konzession und unter neuem Namen – ICF Airports – übernahm sie zusammen mit dem türkischen Partner IC Holding im September 2007 erneut das Management des Abfertigungsgebäudes sowie des Inlandsterminals. Und seit 2009 betreibt ICF auch noch das internationale Terminal 2 – und somit alle Abfertigungsgebäude am zweitgrößten türkischen Airport. Antalya wies im Jahr 2009 mehr als elf Millionen Fluggäste auf und verzeichnete einen Zuwachs um 8,5 Prozent.

Während Istanbul Atatürk mit seinen nahezu 30 Millionen Passagieren „nur" ein Wachstum von 4,3 Prozent aufwies, katapultierte sich der zweite Airport der türkischen Metropole praktisch über Nacht auf Rang 1 der weltweit am schnellsten wachsenden Flughäfen:

Die chinesischen Airports sind auf der Überholspur. 17 der 25 weltweit am schnellsten wachsenden Airports stammten im Jahr 2009 aus dem Reich der Mitte. Auch der Guilin Liangjiang Airport konnte mit einem Wachstum um fast 25 Prozent auf 5,3 Millionen Fluggäste punkten.

Der Sabiha Gökçen Airport, angesiedelt im asiatischen Teil von Istanbul, erfuhr 2009 ein Passagierwachstum um unglaubliche 52,3 Prozent auf 6,6 Millionen Fluggäste.

Im ersten Halbjahr 2010 waren die Zahlen im Vergleich zum Vorjahreszeitraum erneut, diesmal gar um 93 Prozent, nach oben geschnellt, sodass allein von Januar bis Juni jenes Jahres bereits 4,8 Millionen Fluggäste gezählt werden konnten. Ob das neue, erst 2009 in Betrieb gegangene Terminal für diesen mittlerweile drittgrößten türkischen Airport mit seinen Kapazitäten für zunächst zehn Millionen Fluggäste noch lange ausreicht, ist fraglich, denn bis 2023 rechnen die Betreiber in Sabiha Gökçen bereits mit 25 Millionen Reisenden. Das rasende Wachstum in SAW, so der IATA-Code des Airports, stammt in erster Linie aus dem vermehrten Verkehr aus Russland, dem steigendem Bedarf der Billigfluglinien sowie der Tatsache, dass der Airport unter anderem von SunExpress und Turkish Airlines für den noch lange nicht gesättigten Inlandsverkehr genutzt wird.

Nicht gesättigt ist auch der Luftverkehr in Südamerika. Der Kontinent blieb lange Zeit weitgehend unbeachtet von den internationalen Verkehrs- und Wirtschaftsströmen und machte überwiegend Schlagzeilen, die auf Diktaturen, Umstürze oder Drogengeschäfte aufmerksam machten. Dass sich in Lateinamerika aber politisch und wirtschaftlich stabile Staaten mit einer durchaus florierenden Wirtschaft entwickelt haben, konnte man in der Alten Welt lange übersehen.

Inzwischen verfügt beispielsweise Chile mit LAN über einen international tätigen Airline-Konzern, der auf eine vergleichsweise ausgereifte Luftverkehrsinfrastruktur westlich der Anden zurückgreifen kann. Östlich davon boomt der Markt ebenfalls, doch im dortigen größten Luftverkehrsmarkt Südamerikas, in Brasilien, muss noch einiges getan werden, um mit dem Wachstum Schritt zu halten. Nach einer erst im Sommer 2010 abgeschlossenen Studie des internationalen Beratungsunternehmens McKinsey muss Brasilien bis zu 19 Milliarden US-Dollar in seine Luftverkehrsinfrastruktur investieren. Bis 2030 müssten zumindest die größten 20 der 55 brasilianischen Airport aufgepeppt werden, um auch nur annähernd den künftigen Erfordernissen zu genügen. Vor allem in der Region Sao Paulo, die die dichteste Besiedlung des Landes aufweist, liegt die Infrastruktur – trotz dreier großer Airports – im Argen, weshalb beispielsweise der Viracopos International Airport bis 2013 nicht nur eine zweite Start- und Landebahn, sondern auch ein neues Terminal erhält. Viracopos war bis zur Eröffnung von São Paulo Guarulhos im Jahr 1985 das internationale Einfalltor nach Brasilien gewesen.

Einer der wenigen Airports, die allen Ansprüchen genügen, ist der internationale Flughafen Galeão in Rio de Janeiro, mit 7,7 Millionen Fluggästen im Jahr 2009 Brasiliens viertgrößter Airport. Er wies aber auch das geringste Wachstum auf, nicht einmal zwei Prozent. São Paulos Airports Guarulhos mit 17,2 Millionen und Congonhas mit 9,9 Millionen Fluggästen konnten 2009 immerhin auf 25 bzw. 16 Prozent Zuwachs blicken. Der Brasilia International Airport als Nummer drei im Lande brachte es bei einem Plus von 18 Prozent noch auf 9,1 Millionen Flugreisende. Den Vogel bei den Wachstumsraten schoss jedoch ein kleiner Flughafen im Herzen von Rio ab: Um 40,6 Prozent auf fünf Millionen Passagiere vergrößerte sich das Aufkommen am Santos Dumont Airport unweit des berühmten Zuckerhuts. Auch dort waren in den letzten Jahren zahlreiche Renovierungs- und Erweiterungsarbeiten getätigt worden; unter anderem hatte der traditionsreiche Airport aus den 1930er-Jahren 2007 einen Pier erhalten, der die Kapazitäten auf acht Millionen Fluggäste pro Jahr steigern konnte. Santos Dumont stand 2009 auf Platz 2 der weltweit am schnellsten wachsenden Flughäfen.

Platz drei nahm mit 38 Prozent Zuwachs auf 12,7 Millionen Passagiere der Flughafen von Wuhan in China ein. Unter den 25 am schnellsten wachsenden Airports befanden sich 17 aus dem Reich der Mitte, das inzwischen der größte Luftverkehrsmarkt auf dem Globus ist. Von den mehr als 1,3 Milliarden Chinesen leben rund 61 Prozent innerhalb eines Radius' von 100 Kilometern rund um einen bzw. 90 Autominuten entfernt von einem Flughafen. Das, so die Meinung der chinesischen Behörde für Zivilluftfahrt General Administration of Civil Aviation of China (CAAC), ist entschieden zu wenig für die Menschen im Reich der Mitte. In ihrem jüngsten Entwicklungsplan legte sie denn auch fest, dass bis zum Jahr 2020 82 Prozent aller Bürger der Volksrepublik in jenem definierten Kreis rund um einen Airport wohnen sollen. Und das bedingt den Bau von knapp 80 zusätzlichen Flughäfen, wofür umgerechnet rund 60 Milliarden US-Dollar veranschlagt wurden. Denn die chinesische Zivilluftfahrt wächst und wird in den nächsten Jahren, so die Prognosen, um jährlich durchschnittlich elf bis 14 Prozent zulegen.

2008 verfügte das Land über 147 Airports, 2009 waren es an die 170, bis Ende 2010 sollten es schon 190 und bis 2020 schlussendlich 244 sein, von denen dann 13 jeweils über 30 Millionen Fluggäste jährlich abfertigen sollen. ■

Der internationale Flughafen von Rio de Janeiro, der Galeão – Antônio Carlos Jobim Airport mit dem IATA-Kürzel GIG, ist einer der wenigen Flughäfen in Brasilien, der allen Anforderungen modernen Luftverkehrs genügt. Er weist derzeit Kapazitäten für mehr als 15 Millionen Fluggäste pro Jahr auf – 2009 frequentierten den Airport nicht einmal acht Millionen Reisende. Bis zu den Olympischen Sommerspielen 2016 soll er jedoch noch einmal renoviert werden.

1001 Nacht

Mega-Drehscheiben im Nahen Osten

Sie verzeichnen Wachstumsraten, von denen man hierzulande nicht einmal zu träumen wagt. Die Flughäfen im Nahen Osten im Allgemeinen und die am Rande der arabischen Halbinsel im Besonderen sind vor etlichen Jahren aus einem Jahrzehnte dauernden Dornröschenschlaf erwacht und wollen als Luftverkehrsdrehscheiben der Zukunft geradewegs an die Weltspitze eilen. So wiesen Abu Dhabi, Dubai, Doha, Ras al Khaimah oder Sharjah über Jahre hinweg Verkehrssteigerungen zwischen 20 und 40 Prozent jährlich auf und wollten sich als künftige Umschlaghäfen von Abermillionen Passagieren und Frachttonnen zwischen Europa und Fernost profilieren. Auch wenn sie von der Weltwirtschaftskrise in den Jahren 2008 und 2009 nicht gänzlich verschont geblieben waren – die Verkehrszuwächse bewegten sich nur mehr im ein- bzw. niedrigen zweistelligen Prozentbereich – sehen sie sich weiterhin bestens aufgestellt. Denn die Staaten am Golf verfügen einerseits über fast unbegrenzte finanzielle Mittel, andererseits über vergleichsweise niedrige Personalkosten, modernste infrastrukturelle Einrichtungen und eine geographisch günstige Lage. Nicht umsonst waren die ersten Airports auf der arabischen Halbinsel schon in den frühen Tagen der Luftfahrt aus dem Wüstenboden gestampft worden. Sie dienten auf dem langen Flug von Europa nach Asien oder Australien als Stationen für technische Stopps, an denen Treibstoff und Ersatzteile für den reibungslosen Weiterflug gelagert wurden, da die Flugzeuge früherer Jahrzehnte bei weitem nicht über die Reichweiten verfügten, um diese Strecken nonstop zurück zu legen.

Zwar gibt es heute Flugzeuge, die selbst die ungeheuerliche Strecke von New York bis nach Singapur – das sind fast 17.000 Kilometer bzw. 18 Flugstunden – ohne Zwischenlandung bewältigen, doch der Bedarf nach kürzeren Flugsegmenten ist ungebrochen. Insofern hat sich an der guten Position der arabischen Hubs nichts geändert, zumal ihre jeweiligen Heimatfluggesellschaften angesichts der in der Golfregion günstigeren Treibstoffkosten sowie der mehr als freundlichen Steuergesetzgebung durchaus Wettbewerbsvorteile gegenüber ihren westeuropäischen bzw. US-amerikanischen Mitbewerbern genießen dürfen.

Besonders profiliert haben sich in den vergangenen Jahren das Emirat Dubai und seine Fluggesellschaft Emirates Airline. Allein innerhalb der letzten sechs Jahre hat sich das Passagieraufkommen bei Emirates von 10,4 Millionen auf knapp 26 Millionen Fluggäste weit mehr als verdoppelt. Am Dubai International Airport wurden 2009 fast 41 Millionen Passagiere verzeichnet, und aufgrund des auch weiterhin starken Verkehrswachstums investiert das Emirat in den kommenden Jahrzehnten bis zu 82 Milliarden US-Dollar in seine Infrastruktur. Davon ist der Anteil von etwas über vier Milliarden Dollar, den die Neuerungen am bestehenden Dubai International Airport ausmachen, geradezu lächerlich gering. Dort nämlich gingen im Jahr 2008 ein unterirdisch angelegtes Terminal 3 samt Concourse 2 in Betrieb, ein weiterer Concourse 3 soll 2011 fertig gestellt und die Kapazitäten auf bis zu 70 Millionen Fluggäste pro Jahr hochgefahren werden.

Parallel dazu entsteht rund 40 Kilometer vom Dubai International Airport entfernt bei Jebel Ali die wohl größte Flughafeninfrastruktur der Welt: Dubai World Central, eine luftfahrtaffine Stadt mit bis zu 900.000 Einwohnern, die sich über 140 Quadratkilometer erstre-

Der Kontrollturm des New Doha International Airports, der 2011 in Betrieb geht, soll ein Wahrzeichen der arabischen Stadt werden.

Der künftige Großflughafen Al Maktoum International bei Jebel Ali im Emirat Dubai soll nach seinem Endausbau Kapazitäten für 120 Millionen Fluggäste pro Jahr vorhalten.

cken und dessen Herzstück der Al Maktoum International Airport mit dem IATA-Kürzel DWC sein wird. 2030 soll das gigantische Vorhaben abgeschlossen sein, und dann wird der Flughafen Kapazitäten für jährlich 120 Millionen Fluggäste und zwölf Millionen Tonnen Fracht aufweisen. Drei Passagierterminals mit Satelliten und ein Cargozentrum mit 16 Frachtterminals werden zwischen sechs parallelen Start- und Landebahnen von je 4.500 Metern Länge mit der Ausrichtung 12/30 bzw. 13/31, die jeweils durch einen 800 Meter breiten Streifen von einander getrennt sind, angesiedelt. Rund um den Airport herum werden verschiedene Ortschaften angelegt, die unter den jeweiligen Mottos Luftfahrt, Logistik, Wirtschaft, Wohnen, Bildung, Freizeit, Technologie oder Unterhaltung gestaltet werden. So soll die Dubai Logistic City die größte multimodale Logistikdrehscheibe der Welt mit Verknüpfung von Luft-, Land- und Seeweg werden. Nicht umsonst ist das Projekt nahe

Am 27. Juni 2010 wurde der Al Maktoum International Airport, Dubais neues, beziehungsweise künftiges Drehkreuz, für den Frachtverkehr in Betrieb genommen.

des Hafens und der Freihandelszone von Jebel Ali angelegt. Geplant ist beispielsweise der Umschlag von Waren zwischen See- und Lufthafen innerhalb von vier Stunden.

Die Commercial City wird mit voraussichtlich 850 Wolkenkratzern von bis zu 300 Metern Höhe das künftige Finanz- und Wirtschaftszentrum der Region, während die Aviation City der Mittelpunkt der regionalen Luftfahrt mit Zulieferern, Wartungsspezialisten und Flugzeugherstellern werden soll. Ein Science and Technology Park soll dereinst Industrie und Technologie aufnehmen. Um all jene, die in Dubai World Central Lohn und Brot finden wollen, unterzubringen, werden auch Wohngebiete mit Villenvierteln sowie weniger anspruchsvollen Behausungen in der Residential City oder der Golf City errichtet.

Das gesamte Projekt ist modular aufgebaut, und bereits im November 2007 wurde die erste Start- und Landebahn, Anfang 2008 dann der 91 Meter hohe Kontrollturm fertiggestellt. Im Sommer 2010 wurden die erste Runway sowie ein erstes Logistikzentrum mit Kapazitäten für zunächst 200.000 Frachttonnen, kurzfristig erweiterbar auf 800.000 Tonnen pro Jahr, in Betrieb genommen. Ende des ersten Quartals 2011 sollte nach Fertigstellung eines provisorischen Fluggastgebäudes grünes Licht für die Passagierabfertigung gegeben werden. Das Terminal soll für bis zu sieben Millionen Reisende ausgelegt sein und, so sah es zumindest die Planung vor, den gesamten Flugbetrieb aus dem derzeitigen Terminal 2 am Dubai International Airport aufnehmen. Die großen Terminals jedoch, die zwischen den Parallelbahnen angelegt werden, werden vermutlich frühestens ab 2016 betriebsbereit sein.

Allerdings wurden aufgrund der Finanzkrise einige Bauprojekte in Dubai auf Eis gelegt, und so kann sich die Fertigstellung von Al Maktoum durchaus vom ursprünglich anvisierten Jahr 2017 auf 2022 verschieben. Auch Emirates Airline, die ursprünglich ihre A380-Flotte in DWC stationieren wollte, hat bereits angekündigt, einen Umzug an den neuen Airport frühestens in den zwanziger Jahren realisieren zu wollen.

Die „Aerotropolis" der Zukunft wird den bestehenden Flughafen des Emirats keinesfalls ablösen, sondern ihn ergänzen – vorerst zumindest. Beide Airports sollen durch einen Hochgeschwindigkeitszug miteinander verbunden werden, zudem wird der neue Superflughafen über die Dubai Metro auch an die Stadt angeschlossen.

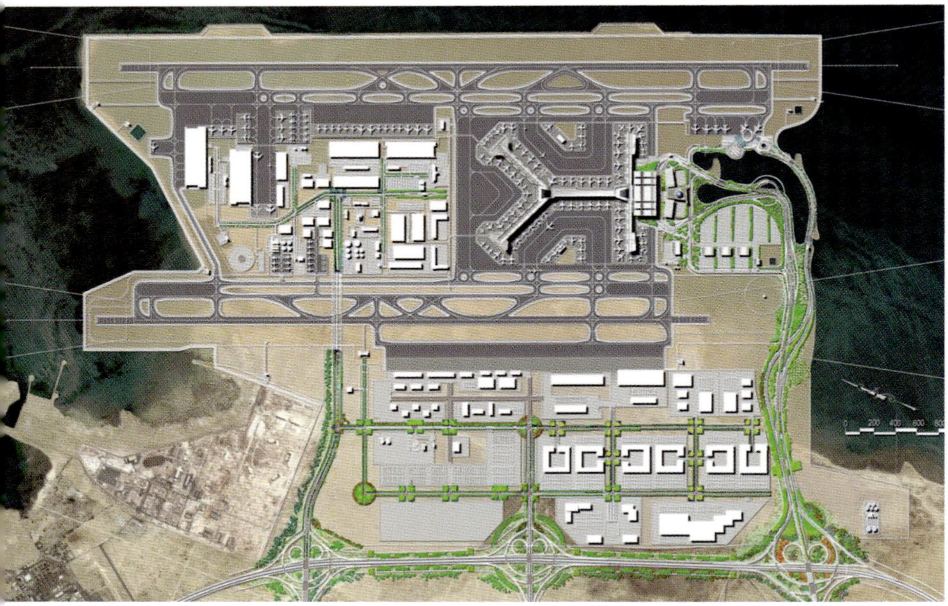

Zwar war die Eröffnung des New Doha International Airports ursprünglich für 2009 angepeilt, doch wegen einiger Verzögerungen ist es erst 2011 soweit – dann allerdings schon mit der zweiten Ausbaustufe.

Betriebsaufnahme 2011

In ähnliche Richtung denkt man auch im benachbarten Scheichtum Katar, das mit Qatar Airways eine leistungsstarke Fluggesellschaft sein eigen nennt. Und diese wiederum ist verantwortlich für die Geschicke ihres Heimatflughafens, des Doha International Airports. Auch der hat sich für das derzeitige Wachstum als zu klein entpuppt, weshalb er ab 2011 durch einen ebenso teuren wie imposanten Neubau abgelöst werden soll. Der New Doha International Airport erstreckt sich nur vier Kilometer östlich des bestehenden Flughafens über rund 22 Quadratkilometer und wird ebenso wie der „Weltflughafen" in Dubai ganz auf die Abfertigung des Großraumflugzeugs Airbus A380 ausgelegt sein. Und auch Qatar Airways will sich auf den Transitverkehr zwischen West und Ost im Allgemeinen bzw. zwischen Europa und dem indischen Subkontinent im Besonderen konzentrieren.

Gut die Hälfte des Flughafenareals befindet sich auf Landaufschüttungen im Persischen Golf, und dort gibt es genug Platz, um gleich eine Freihandelszone, einen Businesspark, Bürokomplexe, eine Einkaufsmeile, etc. mit anzulegen.

Der neue Flughafen wird zwei parallele Start- und Landebahnen erhalten, die mit 4.850 und 4.250 Metern lang genug sein werden, um auch bei den glühenden Temperaturen des arabischen Sommers den uneingeschränkten Start von Großraumgerät zu erlauben. Die Arbeiten an der ersten Ausbaustufe des neuen Airports für zunächst sieben Millionen jährliche Fluggäste waren bereits im Jahr 2005 aufgenommen worden, doch aufgrund des starken Verkehrswachstums vor Ort wird bis 2011 auch die zweite Ausbaustufe, die ein Terminal mit 40 Gates und Kapazitäten für bis zu 24 Millionen Reisende pro Jahr vorsieht, fertig gestellt. Mit zur Anlage gehören auch das sogenannte Amiri-

Terminal für die königliche Familie und für VIPs, ein Frachtkomplex für zunächst 750.000 Tonnen Güterumschlag pro Jahr sowie ein Wartungszentrum, in dem einer der größten Flugzeughangars weltweit angesiedelt wird. Bis zum Jahr 2015 soll der Flughafen auf die doppelte Größe anwachsen und die Abfertigung von 50 Millionen Reisenden und zwei Millionen Tonnen Fracht gestatten.

Zwischenzeitlich wurde jedoch erst einmal der bestehende Flughafen von Doha weiter ausgebaut, denn der Komfort für die Passagiere soll trotz der Kapazitätsprobleme uneingeschränkt hoch bleiben. In diesem Sinn hat Qatar Airways ein eigenes Terminal für First- und Businessclass-Passagiere errichtet, das weltweit neue Standards in der Abfertigung von Premiumgästen setzt.

Klein aber fein

Ganz auf diese Klientel setzt auch Abu Dhabi, unangefochten das reichste Scheichtum und zugleich Hauptstadt der Vereinigten Arabischen Emirate. Hier gilt im Gegensatz zu Dubai eher das Motto „klein, aber fein", und dementsprechend werden die Abfertigungseinrichtungen des neuen Flughafens gehalten. Dieser entsteht nicht etwa an einem anderen Standort, sondern ist schlicht die gewaltige Erweiterung des bestehenden Airports aus dem Jahr 1982. Damals war nach dem Vorbild von Paris Charles de Gaulle ein Terminal mit sternförmigem Pier für zwei Millionen Passagiere angelegt worden. 2005 hatte AUH, so der IATA-Code des Flughafens, ein zweites Terminal für Billigfluggesellschaften und damit Kapazitäten für sieben Millionen Fluggäste erhalten. 2007 wurden nach einem unglaublichen Zuwachs um 31 Prozent 6,9 Millionen Fluggäste durch den Airport geschleust, 2009 waren es, trotz nur mehr siebenprozentigen Wachstums, schon 9,6 Millionen; für einen Großteil davon zeichnete die Heimatfluggesellschaft Etihad Airways verantwortlich. Entsprechend musste Terminal 1 um einen neuen Gebäudeteil für fünf Millionen Reisende, genannt Terminal 3, erweitert werden, der über acht gebäudenahe Flugzeugpositionen verfügt und 2008 in Betrieb ging.

Das Herzstück des Flughafenneu- bzw. -ausbaus ist aber unter anderem eine zweite, 4.000 Meter lange Start- und Landebahn 13L/31R, die parallel um 2.000 Meter versetzt zur bestehenden, 4.100 Meter langen Piste angelegt wurde. Das neue Runwaysystem kann damit 70 Flugbewegungen pro Stunde aufnehmen; zusätzlich sind beide Bahnen mit einem Instrumenten-Landesystem der Kategorie II versehen, das den Betrieb auch bei schlechter Sicht gestattet.

Zwischen den beiden Runways wurde ein 110 Meter hoher Kontrollturm errichtet, und bis Ende 2011 entsteht ein futuristisch anmutendes X-förmiges Midfield-Terminal mit 42 Gates für 20 Millionen Fluggäste. Als Highlight ist ein großer Garten geplant, der von der Check-in-Halle aus erreicht werden kann. In seiner ersten Ausbaustufe wird der Airport also Kapazitäten für rund 32 Millionen Fluggäste vorhalten; bei seinem derzeitigen Wachstum rechnen die Betreiber bereits im Jahr 2015 mit 20 Millionen Passagieren. Weitere Kapazitäten können später durch einen Pier geschaffen werden, zudem ist Platz für ein fünftes Terminal vorhanden, so dass nach der Endausbaustufe, für die bislang noch kein Zeitplan besteht, an diesem „global Hub" der Zukunft bis zu 40 Millionen Fluggäste jährlich abgefertigt werden können. Die werden dann übrigens auch mit einem Bahnanschluss in die Innenstadt verwöhnt.

Zusätzlich sollen die Frachtkapazitäten ausgebaut werden, und voraussichtlich neben Terminal 1 wird eine Freihandelszone entstehen. Alles in allem investiert Abu Dhabi knapp sieben Milliarden Dollar in die

Das künftige Amiri-Terminal in Doha ist der Abfertigung von VIPs sowie vor allem der königlichen Familie vorbehalten.

Die zehn größten Flughäfen im Nahen Osten im Jahr 2009

Rang	Stadt (Airport)	Passagiere	%*	Stadt (Airport)	Fracht (Tonnen)	%*	Stadt (Airport)	Flugbewegung	%*
1	Dubai (DXB)	40.901.752	9,2	Dubai (DXB)	1.927.520	5,6	Dubai (DXB)	281.175	4,0
2	Dschidda (JED)	15.996.770	4,1	Doha (DOH)	511.983	14,7	Dschidda (JED)	154.333	17,9
3	Doha (DOH)	13.286.201	7,4	Sharjah (SHJ)	421.395	15,5	Riad (RUH)	127.666	11,6
4	Riad (RUH)	13.202.431	9,5	ABU DHABI (AUH)	382.523	7,5	Doha (DOH)	104.444	8,7
5	Teheran (THR)	11.848.811	14,9	Bahrain (BAH)	342.734	- 7,3	Bahrain (BAH)	103.727	2,5
6	Tel Aviv (TLV)	10,506,020	- 5,2	Tel Aviv (TLV)	274.201	- 17,3	Abu Dhabi (AUH)	102.118	9,6
7	Abu Dhabi (AUH)	9.672.325	7,3	Dschidda (JED)	217.999	3,0	Teheran (THR)	99.961	6,2
8	Bahrain (BAH)	9.053.631	3,4	Riad (RUH)	206.112	- 6,4	Kuwait (KWI)	98.104	11,6
9	Kuwait (KWI)	8.195.117	12,4	Kuwait (KWI)	198.292	9,2	Tel Aviv (TLV)	81.703	- 1,1
10	Sharjah (SHJ)	5.764.098	9,2	Teheran (THR)	102.940	28,7	Beirut (BEY)	66.741	22,6

*prozentuale Änderung zum Vorjahr. Quelle: ACI.

Zukunft seiner Verkehrsdrehscheibe, doch das Emirat, das auf schätzungsweise über zehn Prozent aller heute bekannten Erdölvorkommen sitzt, dürfte mit der Finanzierung keinerlei Probleme haben. Denn alleine das Investitionsvolumen für den in den nächsten fünf Jahren geplanten Ausbau aller staatlichen Infrastrukturen beläuft sich auf unbeschreibliche 255 Milliarden Dollar.

Die Flughäfen im Nahen Osten, hier der Duty-Free-Bereich in Terminal 1 von Dubai International, setzen auf eine kauffreudige Klientel.

Langzeitpläne in der Region

Auch im kleinsten der Emirate, in Ajman, soll ein Flughafen gebaut werden. Unweit von Dubai entsteht bis 2011 ein Airport für eine Million Fluggäste pro Jahr, dessen Kapazitäten bis 2046 auf 10,4 Millionen Reisende und mindestens 400.000 Tonnen Fracht aufgestockt werden sollen. Angeblich haben bereits 25 Fluggesellschaften um Verkehrsrechte an dieser künftigen Luftverkehrsinfrastruktur, deren Baubeginn in der zweiten Jahreshälfte 2008 erfolgte und die 2011 betriebsbereit sein soll, nachgefragt.

Fast nebenan, in der Hauptstadt des Emirats Bahrain, in Manama, rüstet der Bahrain International Airport auf. Anstrebt sind Kapazitäten für 15 Millionen jährliche Fluggäste bis 2015 bzw. für 22 Millionen Reisende bis 2020 und 25 Millionen bis zum Jahr 2050. Hier ist vor allem die nationale Fluggesellschaft Gulf Air gefordert, aber das Emirat setzt auch darauf, dass asiatische Billigfluggesellschaften, allen voran AirAsiaX, den Flughafen als Drehkreuz im Nahen Osten nutzen werden.

In Oman dagegen sollen gleich drei neue Flughäfen bei Ras Al Hadd, Duqm und Sohar gebaut werden. Darüber hinaus werden die Airports von Seeb und Salalah erweitert. So sollen in Seeb die Kapazitäten bis 2010 auf die Abfertigung von zwölf Millionen Fluggästen aufgestockt werden, mit der Option, irgendwann eine Einrichtung für 48 Millionen Reisende pro Jahr zu schaffen. Dieses Ziel soll hauptsächlich mit Hilfe der staatlichen Fluggesellschaft Oman Air erreicht werden, die London

Das bestehende Terminal 1 am Abu Dhabi International Airport wurde von der französischen Flughafenbetreiberin Aéroports de Paris entworfen.

Gatwick, Frankfurt, München und Paris auf dem europäischen Kontinent bedient sowie fernöstliche Destinationen wie Beijing oder Bangkok anstrebt.

Öffnen will sich auch das Königreich Saudi-Arabien. Dort wird der Jeddah International Airport für 1,5 Milliarden US-Dollar erweitert, um bis 2011 zunächst Abfertigungseinrichtungen für 30 Millionen Passagiere pro Jahr zu schaffen und diese sukzessive zu erweitern, um später bis zu 60 Millionen und im Endausbau sogar bis zu 80 Millionen Fluggäste durch seine Hallen schleusen zu können.

Zusätzlich zu den bestehenden drei internationalen Airports in Dschidda (engl: Jeddah), Riad und Dammam ist der Bau eines vierten Großflughafens im Land geplant. Saudi-Arabien wird in der Region als der meistversprechende Markt für Billigfluggesellschaften betrachtet. Immerhin erstreckt es sich über nahezu die gesamte arabische Halbinsel und weist mit 27 Millionen Einwohnern auch die größte Population in der Region auf.

Gebaut wird weiterhin im nahen Kuwait, wo Billigflieger Jazeera Airways bereits das Potenzial für den Low-Cost-Verkehr in der Region abschöpft. Der Kuwait International Airport kann immerhin ein jährliches Wachstum von mehr als zwölf Prozent aufweisen und hat einen Masterplan erstellt, der in den nächsten Jahren nicht nur die Verlängerung des Parallelpistenpaars 15/33, mit derzeit 3.400 bzw. 3.500 Meter Länge, vorsieht, sondern bis 2014 auch den Bau eines zweiten Passagierterminals mit 20 Gates für 30 Millionen jährliche Fluggäste. Langfristig sind die Expansion um eine dritte Start- und Landebahn, ein neues Frachtzentrum sowie die Vergrößerung des neuen Terminals geplant, so dass dann Kapazitäten für rund 55 Millionen Reisende vorgehalten werden können.

Strategische Partner gesucht

Zusammengefasst planen die verschiedenen Staaten im Nahen Osten bis zum Jahr 2015 Infrastruktureinrichtungen für bis zu 300 Millionen Fluggäste pro Jahr. Dies

Der künftige Midfield-Terminalkomplex am Abu Dhabi International Airport soll Akzente in Sachen Passagierkomfort setzen, denn im reichsten Emirat setzt man auf Klasse statt auf Masse.

mochte bei den Steigerungsraten früherer Jahre ein vernünftiges Vorhaben sein, setzte aber voraus, dass sich die Wachstumskurven nicht abflachen, sondern pro Jahr durchschnittlich um 17 Prozent weiter steigen. Hier sieht beispielsweise die Dachorganisation der Fluggesellschaften, die International Air Transport Association (IATA), ein Problem auf die optimistischen Airports rund um die Arabische Halbinsel zukommen. Denn die IATA prognostiziert nur mehr ein künftiges Wachstum von sieben Prozent pro Jahr, so dass 2015 ein Verkehrsaufkommen von 117 Millionen Fluggästen erreicht würde und damit über die Hälfte der künftigen Abfertigungseinrichtungen leer stünde.

Für alle Fälle sichern sich die Airports im arabischen Raum bereits ab, indem sie ausländische Investoren mit ins Boot holen. So ist beispielsweise die türkische Flughafenbetreiberin TAV im Rahmen eines Konsortiums an neuen Projekten im libyschen Tripolis sowie zusammen mit der französischen Aéroports de Paris (ADP) im tunesischen Enfidha beteiligt. Die ADP wiede-

rum managt fünf kleinere Flughäfen in Ägypten, während der internationale Flughafen von Kairo von der deutschen Fraport AG ausgebaut und betrieben wird. Und im Oman sollte ursprünglich die britische BAA für den Aus- und Neubau der dortigen Flughäfen sorgen. Die Privatisierung der anstehenden Projekte wurde 2004 zwar gestoppt, ist nun aber wieder in der Diskussion. In Abu Dhabi wurde das Management des Airports an die Changi Airports International ausgelagert, und das neue Midfield Terminal soll im Rahmen eines Joint-Ventures zusammen mit einem Partner errichtet und betrieben werden. Selbst in Dubai wird darüber nachgedacht, private Investoren in den Bau des Monumentalprojekts World Central einzubinden. Im jordanischen Amman dagegen wird das zweite Passagierabfertigungsgebäude von der französischen ADP errichtet. Und die ist sogar im konservativen Saudi-Arabien am Ausbau und Betrieb des Hadsch-Terminals am King Abdul Aziz International Airport in Dschidda zusammen mit einer einheimischen Gesellschaft beteiligt. ■

Sixt
Sixt
Sixt
B2
B3
Lufthansa

Flughafen Köln/Bonn

Mit Schwung ins 21. Jahrhundert

Vorherige Doppelseite: Die beiden sternförmigen Satelliten von Terminal 2 sind das Wahrzeichen des Flughafens Köln/Bonn und zeugen von einer Zeit, als die Abfertigungseinrichtungen bevorzugt dezentral angelegt wurden.

Trotz des Wachstums im Billigflugverkehr spielt nach wie vor auch die Deutsche Lufthansa eine wichtige Rolle in CGN, hier eine ihrer Boeing 737-300 vor Terminal 1.

Weltweit gehört der Flughafen Köln/Bonn „Konrad Adenauer" zwar nicht einmal zu den 100 größten Airports, doch innerhalb Europas befindet er sich mit seinen 9,7 Millionen Fluggästen im Jahr 2009 immerhin noch unter den ersten 50. Und im Billigflugsegment kann ihm, zumindest in Deutschland, keiner das Wasser reichen. Auch innereuropäisch spielt er in diesem Geschäftsfeld in der oberen Liga mit; hinter den drei Londoner Flughäfen Gatwick, Stansted und Luton sowie unter anderem Dublin, Barcelona und Madrid belegt er hier den elften Platz.

Zwar musste auch CGN im Zuge der Wirtschaftskrise Federn lassen, doch genauso gut trennen den Airport Welten von der Situation, in der er sich zu Anfang dieses Jahrhunderts befand. Damals war gerade ein neues Terminal mit Kapazitäten für mehr als zehn Millionen jährliche Fluggäste eröffnet worden, entworfen vom Star-Architekten Helmut Jahn. Der Flughafen hatte zwar nach dem verheerenden Brand am Düsseldorfer Airport im Jahr 1996 fast dessen gesamten Verkehr aufgenommen, doch nach der Eröffnung eines neuen Abfertigungsgebäudes im nur 50 Kilometer entfernten Düsseldorf im Jahr 2001 entfiel dieses Mehr an Verkehr wieder. Gleichzeitig ließ der Umzug der Bundesregierung von Bonn nach Berlin die Passagierzahlen weiter sinken, dazu kamen die Wirtschaftskrise, die Auswirkungen der Terroranschläge vom 11. September 2001 in New York, die SARS-Erkrankungen in Asien ...

Die Passagierzahlen brachen ein auf deutlich unter sechs Millionen Fluggäste, das schöne neue Terminal stand praktisch leer. Doch 2002 bahnte sich durch einen Strategiewechsel die Wende an. Köln/Bonn, das sich immer so gern als interkontinentaler Airport gesehen hätte, schlug eine völlig andere Richtung ein und konzentrierte sich auf den aufkommenden Billigflugverkehr in Deutschland. Zwar war dieses Geschäftssegment der Zivilluftfahrt in den USA bereits seit Jahrzehnten ein Erfolg, in Kontinentaleuropa nahmen es jedoch nur wenige wirklich ernst. CGN, so der IATA-Code des Airports in der Wahner Heide, öffnete jedoch bereitwillig

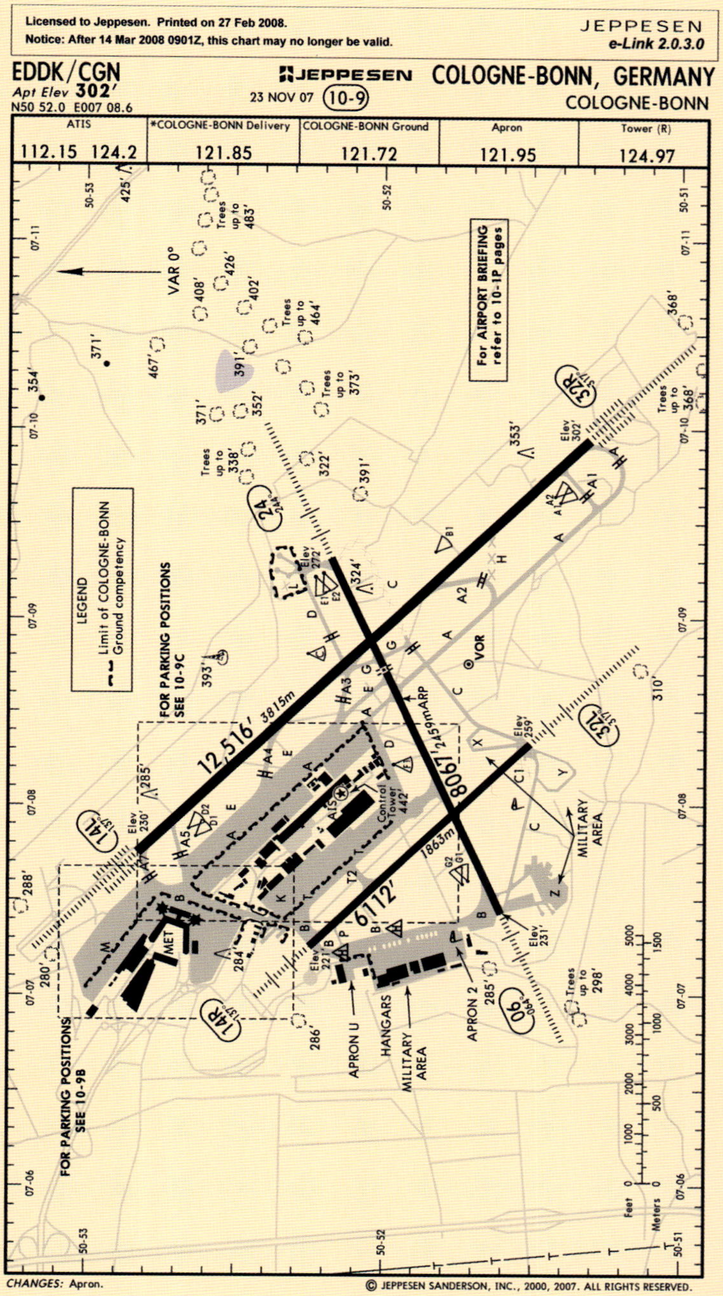

Flughafen Köln/Bonn

Eröffnet	1938
IATA-Code	CGN
Eigentümer	BRD 30,94 %, Nordrhein-Westfalen 30,94 %, Stadt Köln 31,12 %, Stadt Bonn 6,06 %, Landkreise 0,94 %
Betreibergesellschaft	Flughafen Köln/Bonn GmbH
Größte Fluggesellschaft	Germanwings
Geograph. Lage	50°52'02"N, 7°8'37"O
Höhe über NN	92 m
Fläche	1.000 ha
Start- und Landebahnen	14L, CAT IIIa/32R, CAT IIIb, 3.815 m 14R/32L, 1.863 m, 06/24 CAT I, 2.459 m
Terminals	2
Gates	55
Flugzeugparkpositionen	18 Brücken-, 96 Vorfeldpositionen
Flughafenmitarbeiter	1.800
Passagiere	9.739.581
Fracht	562.036 t
Flugbewegungen	120.675
Betriebszeiten	24 h
Homepage	www.koeln-bonn-airport.com

Zusammen mit seiner neuen Ausrichtung erhielt der Flughafen Köln/Bonn auch eine neue Corporate ID mit bunten Piktogrammen, die sogar die Security-Fahrzeuge schmücken.

Terminal 2 war im Sommer 2000 nach dreijähriger Bauzeit eröffnet worden. In der modernen Glas-Stahl-Konstruktion war es in den ersten Jahren sehr ruhig; sie wurde erst durch die Billigfluggesellschaften belebt.

die Tore seines neuen Terminals 2 für die frisch aus der Taufe gehobene Eurowings-Tochter Germanwings sowie für den damaligen Hapag-Lloyd-Ableger HLX, und zwischenzeitlich hatten sich die Passagierzahlen vor Ort fast verdoppelt: Zwischen 2002 und 2007 wuchs das Fluggastaufkommen um sage und schreibe 92 Prozent.

2010 boten 40 Airlines 120 Flugziele in etwa 30 Ländern an. Zwar sind so gut wie alle Routen Kurz- und Mittelstrecken, doch immerhin kam sogar schon Continental Airlines mit einer Boeing 757 täglich von New York Newark nach Köln/Bonn, und Iran Air fliegt im Liniendienst nach Teheran.

Allerdings ist der erhoffte Start ins Langstreckensegment eher schwierig, zumal im Low-Cost-Geschäft, das sich hier nur begrenzt eignet. Bestes Beispiel hierfür ist die chinesische Fluggesellschaft Oasis Hongkong, die unter anderem von Billig-Langstreckendiensten nach CGN geträumt hatte, jedoch im Jahr 2008 Insolvenz anmelden und den Flugbetrieb einstellen musste, ohne jemals auf dem Konrad-Adenauer-Airport gelandet zu sein.

Starke Fracht

Bis Herbst 2008 schien das Wachstum ungebrochen, für 2010 hatte man sogar davon geträumt, auch die Zwölf-Millionen-Grenze bei den Fluggastzahlen zu knacken. Die Kapazitäten hierfür wären jedenfalls vorhanden, denn mit seinen beiden Terminals, insgesamt 86 Check-in-Schaltern, 55 Gates und 18 Fluggastbrücken könnte der Airport selbst 14 Millionen Passagiere pro Jahr verkraften. Doch dann kam die Krise und mit ihr ein Passagierrückgang um fast sechs Prozent. Mit dem Jahr 2010 zeigte sich jedoch wieder ein Aufwärtstrend.
Ausruhen will man sich in Köln/Bonn aber nicht auf den Lorbeeren. Vielmehr wurde Terminal 1 samt seiner Gepäcksortieranlage aufgewertet. Ein wichtiger Punkt dabei war die Schaffung eines attraktiveren Shopping-Bereichs für die Passagiere, den „Köln Bonn Airport Passagen", mit über 50 Shops, Bars, Restaurants und Bistros, einschließlich eines Supermarkts, der auch bei Flughafenanwohnern und -mitarbeitern dank seiner Öffnungszeiten – 24 Stunden – gut angenommen wird. Zudem sollen vor allem die Fluggäste der Billigairlines an den Airports erheblich tiefer in die Tasche greifen als andere Passagiere. Tatsache ist jedenfalls, dass das sogenannte Non-Aviation-Geschäft in CGN ebenfalls zugelegt hat und die für den Einzelhandel bereit gestellten Flächen innerhalb weniger Jahre um fast 200 Prozent vergrößert wurden.

Die Erfolgsgeschichte in Köln/Bonn endet jedoch nicht etwa im Passagenbereich, sondern setzt sich hier nur fort. Denn traditionell hält CGN seit Jahrzehnten eine starke Stellung im Frachtgeschäft. An siebter Stelle steht der Airport hier im europäischen Vergleich, an zweiter deutschlandweit hinter Frankfurt. Allerdings blieb CGN auch hier nicht von Rückschlägen verschont. So wanderte beispielsweise schon im Jahr 1997 der Frachtspezialist TNT von Köln/Bonn ins belgische Lüttich aus, doch es dauerte nicht einmal ein Jahr, bis sich die Zahlen wieder erholt hatten. Und 2007 verlor der Airport einen Teil des Flugbetriebs von DHL und Lufthansa Cargo, die ihre Aktivitäten im Rahmen eines Joint-Ventures nach Leipzig/Halle verlegt hatten. Doch auch hier werden sich die Zahlen bald wieder erholen, weshalb der Bau eines neuen Cargo- und Speditionszentrums eingeleitet wurde. Denn nach wie vor ist hier Großkunde UPS ansässig, der für knapp 30 Prozent der Verkehrsleistungen sorgt. Auch der US-Integrator FedEx baut weiter aus und entwickelte den Airport zur Drehscheibe für Zentral- und Osteuropa.

Der Flughafen Köln/Bonn wird nicht nur von der zivilen Luftfahrt genutzt, sondern auch von der Deutschen Luftwaffe, die westlich der Piste 14R/32L eine Kaserne mit 4.500 Soldaten und 1.500 zivilen Mitarbeitern unterhält. Dort sitzt auch die Flugbereitschaft des Bundesverteidigungsministeriums.

Im militärischen Bereich liegen auch die Wurzeln des Flughafens Köln/Bonn, der 1938 seine Tore als Fliegerhorst geöffnet hatte. Erst 1949 waren Gespräche über einen zivilen Flughafen an diesem Standort aufgekommen; immerhin war in Bonn die provisorische Hauptstadt der jungen Bundesrepublik Deutschland eingerichtet worden. Von der zivilen Luftfahrtbehörde der britischen Besatzungsmacht, Civil Aviation Board, British Element, erhielten die Städte Köln und Bonn für ein Jahr die Lizenz zur Nutzung der Flughafeneinrichtungen. Ende 1951 gingen diese Nutzungsrechte wieder an die Briten zurück, die daraufhin die zivilen Flugbewegungen vor Ort auf acht pro Woche beschränkten. Erst 1956 wurde diese Zahl auf 14 erhöht, und ab 1957 konnte sich in Köln/Bonn endlich ein uneingeschränkter ziviler Luftverkehr entfalten.

1965 wurde dann der Grundstein für ein neues Terminal gelegt, das nach einem „Drive-in"-Konzept mit dezentralem Abfertigungssystem angelegt worden war. Es ermöglichte die direkte Vorfahrt zu den sechs Gates, die wiederum jeweils über eigene Check-in-Schalter, Passkontrollstellen und Warteräume verfügten. 1970 konnte das Terminal in Betrieb genommen werden und der Flughafen seither unaufhaltsam wachsen – bis zu eben jenem Einbruch Anfang dieses Jahrtausends, der zugleich die erfolgreiche Wende und Wiedergeburt des Flughafens Köln/Bonn einläutete. ■

Fracht spielt in CGN eine große Rolle; immerhin steht der Airport in diesem Segment innerdeutsch hinter Frankfurt an zweiter Stelle und liegt im europäischen Vergleich auf Rang sechs. Der Luftfrachtspezialist FedEx beispielsweise unterhält in Köln/Bonn eine Basis, die als Drehscheibe für Zentral- und Osteuropa dient und zum zweitgrößten Standort des US-Integrators in Europa ausgebaut wird.

A380
AIRBUS A380
Lufthansa
M

Flughafen München

Zweites Drehkreuz für den Kranich

Eigentlich passt alles am Flughafen München. Er ist der zweitgrößte Airport in Deutschland, die Nummer sieben in Europa, und er kann – trotz sinkender Passagierzahlen im Krisenjahr 2009 – Verbindungen in alle Welt aufweisen.

Nur die nach München selbst funktioniert nicht. Die knapp 30 Kilometer südlich liegende Weltstadt mit Herz, die allein während des 16 Tage dauernden Oktoberfestes mehrere Millionen Besucher empfängt, verfügt über keinen vernünftigen Anschluss an dieses internationale Drehkreuz. Ein Autobahnzubringer ist vorhanden, auch eine S-Bahn-Verbindung gibt es, doch da die beiden S-Bahn-Linien an jeder Haltestelle stehen bleiben, dauert die Fahrt zwischen Airport und Münchener Innenstadt eben bis zu 40 Minuten. Und daran wird sich in absehbarer Zeit auch nichts ändern, denn der lange von den Flughafenbetreibern favorisierte Bau der Magnetschwebebahn Transrapid, die die Anfahrt auf zehn Minuten verkürzt hätte, wurde im März 2008 von der bayerischen Landesregierung aus Kostengründen gekippt.

Dabei wurde die Standortwahl für den Airport weitab der City seinerzeit in bester Absicht vorgenommen, denn möglichst wenig Anwohner sollten unter der durch den neuen Flughafen entstehenden Lärmbelästigung zu leiden haben.

Erst 1992 wurde der Flughafen im Erdinger Moos eröffnet, nachdem sein Vorgänger München-Riem viel zu klein geworden war. Allerdings waren dem Bau des Airports jahrzehntelange Querelen voraus gegangen: Erst wurde jahrelang über den Standort gestritten, dann zog sich das Planfeststellungsverfahren, das 1979 – fast eine Dekade nach der Standortentscheidung – abgeschlossen werden konnte, über fünf Jahre hin. Zu guter Letzt erzielten Flughafengegner 1981 einen vierjährigen Baustopp. Und weil der Flughafen weitgehend so gebaut werden musste, wie im Planfeststellungsantrag von 1974 beschrieben, konnten nachträglich kaum noch Änderungen vorgenommen werden.

Links: Terminal 2 verfügt über mehrere Gates, die auf das größte Flugzeug der Welt, die A380, ausgelegt sind.

Die Wirtschaftskrise hinterließ auch in München ihre Spuren. So büßte der Airport 2009 im Europa-Verkehr 5,9 Prozent seiner Passagiere ein.

Lufthansa

Aus der Vogelperspektive werden die Unterschiede bei der Airport-Konzeption zwischen dem 20. und dem 21. Jahrhundert allzu deutlich: Links Terminal 1, das in den-1970er Jahren konzipiert wurde und sich aus mehreren autarken Blöcken, die jeweils über Check-in, Sicherheitskontrollen, Abflug und Ankunft verfügen, zusammensetzt. Rechts dagegen steht Terminal 2 aus dem Jahr 2003, das die Infrastrukturen für Ankunft und Abflug bündelt. Erst nach der zentralen Sicherheitskontrolle gelangt der Passagier in den schlauchförmigen Pier mit den einzelnen Flugsteigen.

Flughafen München	
Eröffnet	1939 München-Riem 1992 Flughafen München Franz Josef Strauß
IATA-Code	MUC
Eigentümer	Freistaat Bayern (51 %), Bundesrepublik Deutschland (26 %), Stadt München (23%)
Betreibergesellschaft	Flughafen München GmbH (FMG)
Heimatfluggesellschaft	Deutsche Lufhansa
Geograph. Lage	48°21'17"N, 11°47'15"O
Höhe über NN	448 m
Fläche	1.560 ha
Flughafenmitarbeiter	30.000
Passagiere	32.701.759
Flugbewegungen	396.805
Fracht	229.095 t
Start- und Landebahnen	26R CAT IIIb/08L CAT IIIb, 4.000 m 26L CAT IIIb/08R CAT IIIb, 4.000 m
Terminals	2
Gates	206
Flugzeugparkpositionen	173
Betriebszeiten	24 h (reglementiert zwischen 22.00 und 06.00 Uhr
Homepage	www.munich-airport.de

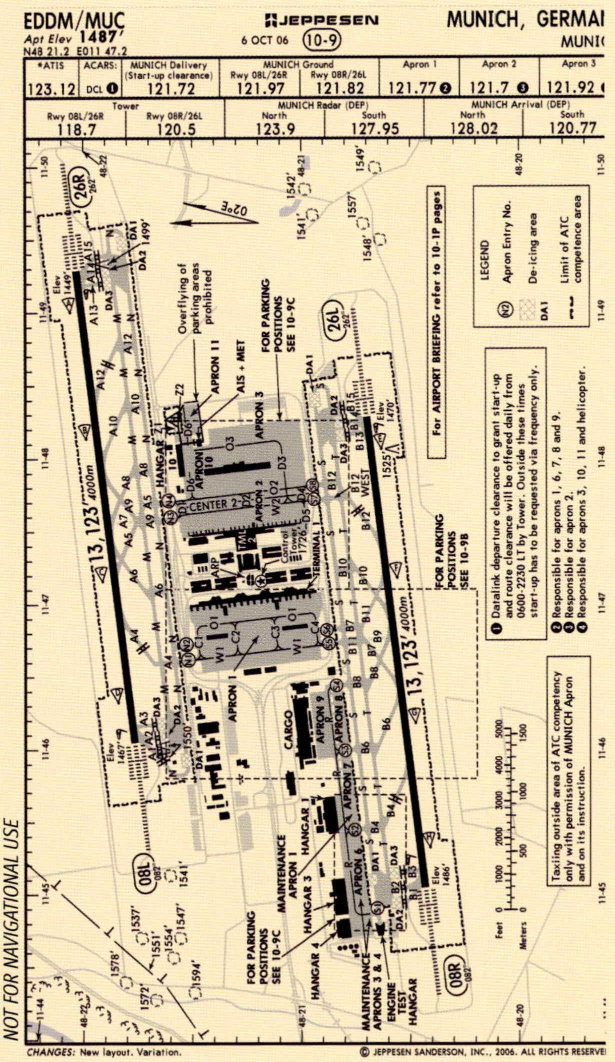

Das hat heute so manchen Nachteil, denn Terminal 1, an dem über 80 Fluggesellschaften angesiedelt sind, ist anzusehen, dass es vor mehr als 30 Jahren geplant worden ist. Die Abflugbereiche A bis F verfügen jeweils über eigene Abfertigungseinrichtungen – sowohl Check-in als auch Ankunft –, getreu der in den 1960er- und 1970er-Jahren vorherrschenden Idee der Flughafenplaner, den Passagieren so kurze Wege wie möglich vom Auto zum Flugzeug zu bescheren. Die Drehkreuzfunktion heutiger Großflughäfen war damals noch weitgehend unbekannt. Gänzlich anders dagegen wurde das Schwesterterminal konzipiert, das über eine zentrale Check-in-Halle verfügt. Davor gelagert ist ein

980 Meter langer Pier mit auf zwei Geschossebenen nach Schengen- und Nicht-Schengen-Ländern getrennten Abflugbereichen. Dies kommt der Umsteigefunktion – rund 37 Prozent der Passagiere in MUC sind Transferreisende – des Terminals entgegen, denn als solches wurde es angelegt. Unter anderem übrigens von der Deutschen Lufthansa, die hier ihr zweites deutsches Drehkreuz eingerichtet hat, da die Wachstumsmöglichkeiten an ihrem Heimatflughafen Frankfurt begrenzt sind. Gemeinsam mit der Flughafenbetreibergesellschaft FMG hat sie das zweite Terminal vor Ort geplant und errichtet, das nach vierjähriger Bauzeit im Jahre 2003 eingeweiht wurde und seither von einer gemeinsamen Gesellschaft gemanagt wird. Damit ist in Deutschland erstmals eine Fluggesellschaft am Betrieb eines Terminals beteiligt. So ist es auch nur selbstverständlich, dass ausschließlich Lufthansa und ihre Partnerfluggesellschaften das neue Terminal nutzen.

Rund 65 Prozent aller in MUC abgefertigten Fluggäste wanderten nach dem Umzug der über 20 Fluggesellschaften in Terminal 2 mit, wodurch in T1 endlich wieder Platz geschaffen wurde. Bei einer Kapazität von 25 Millionen Passagieren pro Jahr war dieses zuletzt phasenweise überlaufen, während es heute nur von etwas über zehn Millionen Reisenden genutzt wird. T2 selbst kann ebenfalls bis zu 25 Millionen Fluggäste jährlich aufnehmen und ist bereits nahezu ausgelastet. Ein 600 Meter langer Gebäuderiegel, der vor dem Terminal als Gepäcksortieranlage für Flüge genutzt wird, die auf Außenpositionen abgefertigt werden, soll daher – wie im Masterplan vorgesehen – bis 2015 zum Satelliten umfunktioniert werden, um Kapazitäten für bis zu elf Millionen weitere Fluggäste zu schaffen. Das Gebäude ist durch Tunnel mit T2 verbunden, die von Anfang an für die Einrichtung des notwendigen Personentransportsystems ausgelegt worden sind.

Als Übergang zwischen den beiden Abfertigungskomplexen T1 und T2 war 1999 das Munich Airport Center (MAC) eröffnet worden, das zugleich als Shopping-, Dienstleistungs- und Kommunikationszentrum des Flughafens dient. Mit seinen 10.000 Quadratmetern überdachter Fläche wird es als Veranstaltungsort für Konzerte, Vernissagen, Modenschauen, Flohmärkte, Ausstellungen und vieles mehr genutzt. Für Fluggäste

Links unten: Terminal 1 wird heute unter anderem von zahlreichen Billigfluggesellschaften, unter anderem von Air Berlin, genutzt.

Terminal 2 wird von Lufthansa mit betrieben. Entsprechend finden sich an den Gates des 980 Meter langen Piers ausschließlich ihre sowie die Flugzeuge ihrer Partnerairlines.

MUC ist der zweitgrößte Flughafen Deutschlands. Von hier aus werden von 94 Fluggesellschaften über 235 Ziele in 69 Ländern auf (fast) allen Kontinenten nonstop angeflogen.

wie Besucher ist es ein willkommener Platz zur Erholung, dessen Biergarten mit eigener Brauerei stets gut besucht ist. Der gesamte Terminalkomplex wiederum befindet sich zwischen zwei parallel versetzten Start- und Landebahnen, die Simultanbetrieb erlauben. Und genau beim Runwaysystem drohen jetzt die nächsten Engpässe. Im Jahr 2009 verzeichnete MUC knapp 400.000 Flugbewegungen, und schon im Sommer 2008 waren die Pisten zu 80 Prozent der Betriebszeit voll ausgelastet gewesen; weitere Flüge konnten kaum noch untergebracht werden. Deshalb wurden schon im Juli 2005 Planungen für den Bau einer dritten Runway bekannt gegeben, die die Kapazitäten um ein Drittel von 90 auf 120 stündliche Flugbewegungen erhöhen soll. Das nötige Raumordnungsverfahren für die vier Kilometer lange Parallelpiste, die nördlich des bestehenden Bahnsystems mit einem Abstand von 1.180 Metern zur Nordbahn und einem Schwellenversatz Richtung Osten von 2.100 Metern geplant ist, wurde im Sommer 2007 abgeschlossen, das Planfeststellungsverfahren um den Jahreswechsel 2010/2011. Der Bau der Piste wird dann noch einmal rund zwei Jahre in Anspruch nehmen.

Immerhin war das Passagieraufkommen in München zumindest im Jahr 2007 stärker gewachsen als die Zahl der Flugbewegungen, woraus sich schließen lässt, dass einerseits größere Flugzeuge eingesetzt werden und andererseits auch deren Auslastung höher ist. Damit korrespondiert die zunehmende Bedeutung des Interkontinentalverkehrs, wobei die Zahl der Langstreckenflüge – 55 Interkontverbindungen weist der Münchener Flugplan aus – zugenommen hat. Insgesamt kann man von dem Airport im Erdinger Moos mit 94 Airlines aus aller Welt zu 235 Zielen in 69 Ländern fliegen, und mit seinen mittlerweile 32,6 Millionen Fluggästen steht MUC im weltweiten Vergleich auf Platz 30. ■

Oben: Das überdachte Munich Airport Center (MAC) verbindet die beiden Terminals 1 und 2.

Terminal 2 ist das erste Abfertigungsgebäude in Deutschland, das ein Airport gemeinsam mit einer Fluggesellschaft – der Deutschen Lufthansa – plante, errichtete und betreibt.

Blick von Westen auf den Münchener Airport. Nördlich der Piste 26R/07L (links im Bild) soll eine dritte Start- und Landebahn das zeitweise an der Kapazitätsgrenze arbeitende Runwaysystem in MUC entlasten.

Flughafen Zürich

Strenge Nachtruhe

Nach jahrelangen Diskussionen ist er nun vom Tisch, der gekröpfte Nordanflug mit all den damit zusammenhängenden Problemen. Seit Jahrzehnten wird zwischen Deutschland und der Schweiz gestritten, wann und wie oft Anflüge auf den Flughafen Zürich-Kloten über deutsches Staatsgebiet geführt werden dürfen. Denn der größte Schweizer Airport liegt nur zwölf Kilometer südlich der deutschen Grenze, und Anflüge auf die Piste 14 erfolgen nun einmal aus Richtung Norden. Um die deutschen Anwohner zu schützen, dürfen diese regulären Anflüge nur zwischen 7.00 und 21.00 Uhr erfolgen, an Wochenenden und Feiertagen sind es noch einmal drei Stunden weniger. Während der Sperrstunden muss der Anflug also aus anderen Richtungen über dicht besiedeltem Schweizer Gebiet abgewickelt werden, worüber wiederum die Eidgenossen nicht glücklich sind und eingangs erwähnten gekröpften Nordanflug ins Spiel gebracht haben. Dieser Nicht-Präzisionsanflug sah vor, dass die Flugzeuge südlich der deutschen Grenze entlang fliegen und kurz vor der Landung auf die Nordbahn eindrehen. Wegen des tieferen Sicherheitsniveaus gegenüber den Instrumenten-Landeverfahren wurde das Ganze gekippt, und die Diskussion um ein für alle Beteiligten genehmes Anflugverfahren gehen weiter.

Damit nicht genug, gibt es für ZRH, wie der IATA-Code für den Flughafen Zürich lautet, auch ein Nachtflugverbot zwischen 0.30 Uhr und sechs Uhr, und derartige Beschränkungen erfreuen in der Regel weder Flughafenbetreiber noch Heimatfluggesellschaft. Diese sind in diesem Falle die Flughafen Zürich AG auf der einen und Swiss auf der anderen Seite, die selbstverständlich wünscht, dass ihr Drehkreuz sich dreht und nicht stillsteht.

Umgekehrt will natürlich auch die Flughafenbetreiberin, dass ihr größter Kunde Swiss prosperiert, denn noch ist in allzu schmerzlicher Erinnerung, wie stark Wohl und Wehe von Airline und Airport miteinander verknüpft sind. Als im Oktober 2001 die alte Swissair den Betrieb einstellte, brachen in der Folgezeit am Flughafen die Umsätze um 30 bis 40 Prozent ein. Dabei befand sich Kloten gerade inmitten eines zwei Milliarden Schweizer Franken teuren Ausbauprogramms, das unter anderem den Bau von Dock E, ein Satellitengebäude im Dreieck zwischen den Pisten, und des Airside Centers, ein Verbindungsbau zwischen den beiden

Swiss zeichnet als Heimatfluggesellschaft in Kloten für rund 55 Prozent des Verkehrsaufkommens verantwortlich.

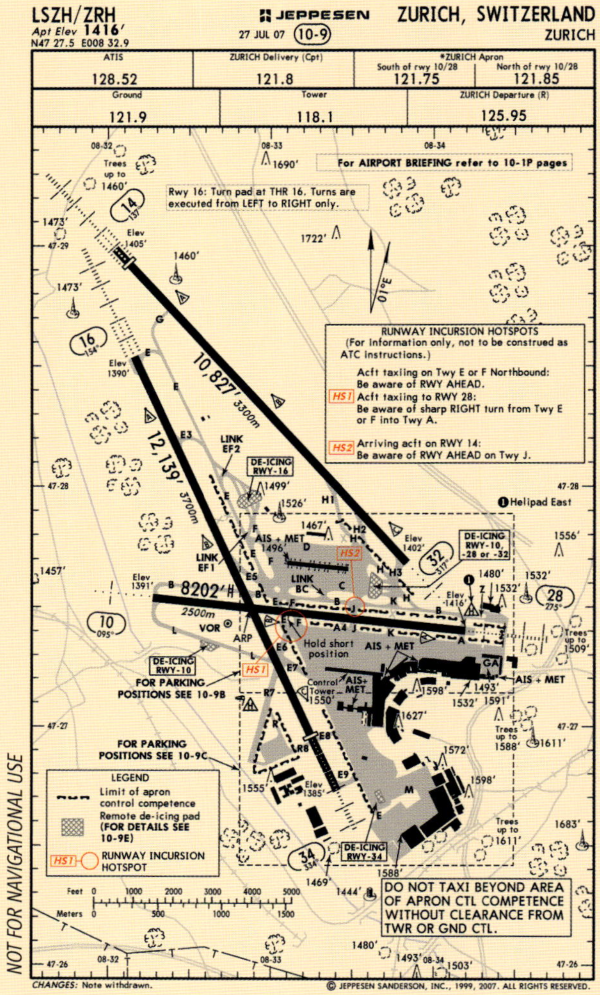

Flughafen Zürich

Eröffnet	August 1953
IATA-Code	ZRH
Eigentümer	Kanton Zürich 45,60 %, Stadt Zürich 5,38 %, Kleinaktionäre 49,02 %
Betreibergesellschaft	Flughafen Zürich AG
Heimatfluggesellschaft	Swiss International
Geograph. Lage	47°27'30"N, 08°32'53"O
Höhe über NN	422 m
Fläche	880 ha
Flughafenmitarbeiter	ca. 24.800
Passagiere	21.926.872
Flugbewegungen	262.121
Fracht	344.415 t
Start- und Landebahnen	16 Cat IIIa/34 Cat I, 3.700 m; 14 Cat IIIa/32, 3.300 m; 10/28 Cat II, 2.500 m
Terminals	1 (drei Docks A, B und E)
Gates	78 (davon 44 Dock- und 34 Busgates)
Flugzeugparkpositionen	98 (davon 46 offene Standplätze für Linien-, Charter- und Low-Cost-Abfertigung)
Betriebszeiten	6.00 bis 00.30 Uhr
Homepage	www.flughafen-zuerich.ch

Dock A und B genannten Abflughallen, vorsah. Dock E und Airside Center sind über die unterirdische Luftkissenseilbahn Skymetro miteinander verbunden.

Über Nacht verlor der Airport fast seine Existenzgrundlage, in Folge mussten Mitarbeiter entlassen und Lohnkürzungen vorgenommen, die Gebühren erhöht und Dock B still gelegt werden. Von Sommer 2005 bis Ende 2007 wurde B dann einer ganz anderen Aufgabe zugeführt: Zum „Eventdock" umgebaut, konnte es für Veranstaltungen jeglicher Art gemietet werden. Inzwischen wurde es komplett zurückgebaut, um bis Ende 2011 an gleicher Stelle völlig neu zu erstehen.

Das Ausbauprogramm war 2004 abgeschlossen worden, so dass der Flughafen neben seinen drei Pisten über einen zentralen Terminalkomplex mit drei Docks, ein Frachtzentrum sowie eine Schienenanbindung an die Stadt verfügt. Das alles zusammen bietet Kapazitäten für über 30 Millionen Fluggäste und 350.000 Flugbewegungen pro Jahr.

2009 lag das Passagieraufkommen in Kloten immerhin wieder bei knapp 22 Millionen Reisenden. Das sind immer noch weniger als im letzten Lebensjahr der Swissair, die zum Großteil für die damals gezählten 22,7 Millionen Passagiere verantwortlich war, doch das Wachstum kehrt seit einigen Jahren nach Zürich zurück. So hat Swiss, die einen Marktanteil von 59 Prozent in Kloten hält, fast ihre gesamte Langstreckenflotte an diesem Hub stationiert. Zweitgrößter Carrier ist übrigens noch vor der Deutschen Lufthansa, unter deren Dach Swiss ja immerhin fliegt, Air Berlin, Nummer vier Edelweiss Airlines vor British Airways auf Platz Nummer fünf. Insgesamt fliegen 78 Linien- und Charterfluggesellschaften zu 178 Zielen ab Zürich.

Doch damit der Airport nicht wieder ganz so abhängig von seiner Heimatfluggesellschaft wird, wie dies im Falle der Swissair war, hat die Flughafenbetreiberin ihre Geschäftsstrategie ein wenig geändert. So werden rund 40 Prozent des Umsatzes durch das sogenannte Non-Aviation-Geschäft erzielt: Das Airport Shopping Center ist eines der größten in der Schweiz, Event-Dock sorgte ebenfalls für gute Einnahmen, und die Mieten und Pachten für die Immobilien vor Ort sowie die Nutzungsentgelte für die Airlines suchen durchaus ihresgleichen.

Im Gegenzug sorgt die Betreibergesellschaft dafür, dass die Infrastruktur den Erfordernissen angepasst bleibt. So werden im Rahmen des 430 Millionen Franken teuren Großprojekts „Zürich 2010" diverse Um- und Neubauten vorgenommen, um die strikte Trennung von Schengen- und Nicht-Schengen-Passagieren zu gewährleisten; unter anderem wird eben Dock B zur fliegerischen Nutzung erneuert. Zudem werden die Sicherheitskontrollen zentralisiert, weshalb vor dem Airside Center eine entsprechende Einrichtung entsteht.

Auch das Runway-System – die drei Start- und Landebahnen bilden ein schiefes Dreieck – soll überarbeitet werden, doch erst im Juli 2008 wurde der Bau einer Parallelpiste zur Bahn 34 abgelehnt; so bleibt zumindest die Möglichkeit einer Verlängerung der Piste 28. Die Anlage der Start- und Landebahn wurde zuletzt im Jahr 1976 verändert, als die 14/32 in Betrieb genommen worden ist. Die beiden anderen – 16/34 und 10/28 – waren bereits beim Bau des Airports Ende der 1940er-Jahre angelegt worden.

Das Airside Center, das im Jahr 2004 eingeweiht wurde, verbindet luftseitig die Docks A und B und gilt als Wahrzeichen des Flughafens Zürich.

Seit den 1930er-Jahren war der zivile Luftverkehr in Zürich auf dem militärisch genutzten Flugfeld in Dübendorf nordöstlich der Stadt angesiedelt. Jedoch wünschte der Zürcher Regierungsrat eine Trennung von militärischer und ziviler Luftfahrt, so dass Mitte der 40er-Jahre Kloten zum Standort des neuen internationalen Flughafens ausgewählt wurde. 1948 erfolgte die provisorische Betriebsaufnahme, doch erst 1953, nach Fertigstellung des ersten Passagierterminals, wurde der Airport offiziell eröffnet. In den Folgejahren wurden die beiden bestehenden Bahnen wiederholt verlängert, und 1975 erhielt ZRH das erste Abfertigungsgebäude, das auch heute noch das Gesicht des Flughafens prägt: Dock B. Ein Jahrzehnt später folgte Dock A und 2002, in der schlimmsten Krise der Schweizer Luftfahrt, konnte Dock E in Betrieb genommen werden.

Heute zählt Zürich laut Passagierbefragungen zu den besten Flughäfen der Welt. Einzig mit dem Frachtgeschäft kann ZRH nicht punkten, doch welche Airline, welcher Logistiker will an einem Flughafen, der in den Nachtstunden gesperrt ist, schon seine Expressgüter umschlagen? ■

Links: Dock E wurde 2002 in Betrieb genommen und liegt inmitten der Start- und Landebahnen. Durch eine unterirdische Luftkissenseilbahn ist es mit den anderen Terminals verbunden.

BILLA
FLUGHAFEN WIEN

Flughafen Wien

Neue Horizonte

Im Anschluss an das schneckenförmige Terminal 2 erstreckt sich die Sichel von Skylink, einem neuen Abfertigungsgebäude, das 2012 in Betrieb gehen soll.

Die Geschichte der Luftfahrt in der österreichischen Hauptstadt ist wesentlich älter als die ihres heutigen Flughafens. Denn mit dem Flugfeld Aspern hatte Wien bereits im Sommer 1912 einen modernen Lufthafen am östlichen Stadtrand erhalten. Allerdings diente er der Wiener Zivilluftfahrt nur zwei Jahre lang, denn 1914, nach dem Ausbruch des Ersten Weltkrieges, wurde er von den Militärs übernommen und erst 1920 wieder für den zivilen und internationalen Flugverkehr ausgebaut. Nach dem Anschluss Österreichs an das Deutsche Reich im Jahre 1938 musste Aspern erneut als Luftwaffenstützpunkt herhalten, um nach dem Zweiten Weltkrieg dann vom Österreichischen Aero-Club übernommen zu werden. Allerdings war ihm auch da keine große Zukunft beschieden, und Aspern endete im Prinzip so, wie manch anderer Flughafen begonnen hatte: als Autorennstrecke.

Dieses Schicksal teilt der heutige Wiener Flughafen ganz gewiss nicht. Schwechat war 1938 als Luftwaffenstützpunkt errichtet worden, während des Zweiten Weltkriegs zunächst von der Jagdfliegerschule 5 sowie von den Heinkel Flugzeugwerken genutzt und ab 1944 sogar als Konzentrationslager missbraucht worden; die Häftlinge mussten in den Heinkel-Werken sowie in einer nahe gelegenen Brauerei arbeiten. Erst nach dem Zweiten Weltkrieg konnte der Platz endlich seiner eigentlichen Bestimmung zugeführt werden: als ziviler Flughafen für die Hauptstadtregion und Nachfolger für das alte Aspern. Die 1950er- und 60er-Jahre standen im Zeichen des Aufbruchs: Die einzige Start- und Landebahn wurde auf 3.000 Meter verlängert, ein neues Terminal

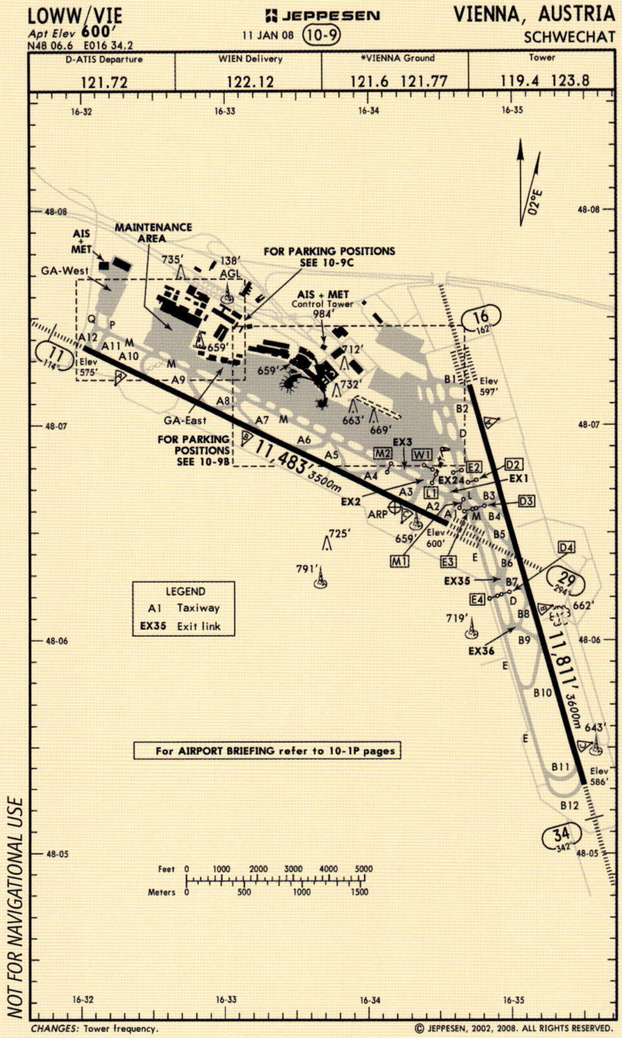

Flughafen Wien

Eröffnet	1938
IATA-Code	VIE
Eigentümer	50 % Aktien Streubesitz, 20 % Stadt Wien, 20 % Land Niederösterreich, 10 % Mitarbeiterstiftung
Betreibergesellschaft	Flughafen Wien AG
Heimatfluggesellschaft	Austrian Airlines Group
Geograph. Lage	48°06'39"N, 16°34'15"O
Höhe über NN	182 m
Fläche	1.050 ha
Flughafenmitarbeiter	18.000 am Standort
Passagiere	18.114.103
Flugbewegungen	243.430
Fracht	185.724 t
Start- und Landebahnen	16 CAT IIIb/34 CAT I, 3.600 m, 11 CAT I/29 CAT II, 3.500 m
Terminals	3
Gates	61
Flugzeugparkpositionen	98
Betriebszeiten	24 h
Homepage	www.viennaairport.com

entstand, eine zweite Runway konnte 1977 in Betrieb genommen werden. Die Heimatfluggesellschaft Austrian Airlines konzentrierte sich während dieser Jahre als Verbindungsglied zwischen Ost und West auf den Verkehr nach Osteuropa, eine Rolle, die ihr unter anderem wegen der Neutralität Österreichs während des „Kalten Krieges" zufiel, auf Kurz- und Mittelstrecken- sowie Charterziele im Mittelmeerraum und im Nahen Osten.

Die Öffnung des Eisernen Vorhangs schuf sowohl für Austrian Airlines als auch für den Flughafen neue Möglichkeiten. Das Einzugsgebiet erweiterte sich über Nacht um rund 14 Millionen potentielle Passagiere. Allerdings wuchs auch die Konkurrenz in Gestalt der relativ nahe liegenden Flughäfen von Budapest, Bratislava oder Prag.

VIE entwickelte sich dennoch zu einer Drehscheibe Richtung Osten. Zahlreiche Unternehmen, deren Fokus im osteuropäischen Raum liegt, verstärkten ihre Aktivitäten vor Ort, was sich vor allem im Fracht- und Logistikbereich bemerkbar macht. Aber auch der Passagierverkehr nahm zu, nicht zuletzt deshalb, weil Austrian Airlines verschiedene Langstreckendienste, u. a. über Moskau nach Tokio oder nonstop nach New York, einrichtete. Im Gegenzug entdeckten auch internationale Airlines den österreichischen Flughafen als Destination. Und so steuern heute rund 174 Fluggesellschaften 220 Ziele in aller Welt ab VIE – so lautet der IATA-Code – an, darunter Singapore Airlines, Emirates Airline oder Delta Air Lines. Genauso hat sich Schwechat im Billigflugsegment profiliert und kann die slowakische SkyEurope ebenso zu seinen regelmäßigen Besuchern zählen wie die britische easyJet.

Aus Platzmangel und um die beiden bestehenden Terminals zu entlasten, wurde für die Low-Cost-Airlines im Jahr 2005 eine gesonderte Abfertigungseinrichtung geschaffen: Gegenüber von Terminal 1 entstand auf einem Parkdeck das Terminal 1A mit 22 Check-in- und einem Großgepäckschalter. Mit dem Provisorium müssen sich die Billigflugpassagiere noch einige Zeit abfinden. Denn der Bau des neuen Abfertigungsgebäudes „Skylink", das eigentlich 2009 in Betrieb genommen werden sollte, wurde aufgrund seiner Kostenexplosion vorübergehend gestoppt und erst im Sommer 2010 mit dem Innenausbau wieder aufgenommen. Voraussichtlich im ersten Halbjahr 2012 soll das bis jetzt auf 830 Millionen Euro Baukosten bezifferte Fluggastgebäude in Betrieb gehen.

Skylink erhöht Wiens Jahreskapazität zunächst auf 24 Millionen Fluggäste und wird neben dem neuen, 109 Meter hohen Kontrollturm – der bereits 2006 in Betrieb ging und einer der höchsten Europas ist – das neue Wahrzeichen des Wiener Flughafens. Es schließt sich in Richtung Nordosten sichelförmig an das Terminal 2 an und weist einen Pier Süd mit 51 Gates und 17 gebäudenahen Flugzeugparkpositionen – davon fünf für die A380 – sowie im Ankunftsbereich zehn Gepäckbänder auf. In einer weiteren Bauphase ist zusätzlich ein Pier Nord vorgesehen. Ein VIP- und Businesscenter, ein neuer Flughafenbahnhof, Office Park I und II sowie ein neues Zentrum für die Allgemeine Luftfahrt und ein bereits 2006 in Betrieb genommenes großes Air Cargo Center runden das Ausbauprogramm ab, das Schwechat für die Zukunft rüsten soll.

Bleibt das Start- und Landebahnsystem, das zeitweise bereits an der Kapazitätsgrenze arbeitet. Die beiden Pisten 11/29 und 16/34 gestatten nur einen stark eingeschränkten und wetterabhängigen Simultanbetrieb (Starts auf der Piste 29, Landungen auf der 16) und begrenzen die Zahl der Flugbewegungen auf 72 pro Stunde. Daher hofft man in Wien, bald mit dem Bau einer dritten, 3.680 Meter langen Runway 11R/29L beginnen zu können. Sie wird 2.400 Meter südlich der bestehenden Bahn 11/29 und 2.600 Meter westlich der gedachten Verlängerung der bestehenden Piste 16/34 angesiedelt; die früheste Inbetriebnahme wird mit 2014 angegeben.

Der Bau dieser neuen Start- und Landebahn hätte durchaus noch ein gutes Jahrzehnt aufgeschoben werden können, wäre es nach der Flughafen Wien AG gegangen. Diese setzt nämlich nicht nur auf die eigenen Kapazitäten vor Ort, sondern auch auf diverse Beteiligungen, unter anderem an den Flughäfen Malta, Kosice in der Slowakei sowie Friedrichshafen. Eine Beteiligung hätte sie sich auch am Flughafen der slowakischen Hauptstadt Bratislava gewünscht, um so ein sich ergänzendes Airport-System und damit freie Kapazitäten in VIE zu schaffen. Die slowakische Regierung stoppte die Privatisierung jedoch in letzter Minute, weshalb man in Wien unversehens in Zugzwang geraten ist.

Unter Druck geriet der Airport, europaweit übrigens auf Platz 20, auch durch die Wirtschaftskrise, die im Herbst 2008 den Boom in der Luftfahrt stoppte. So musste VIE im Jahr 2009 einen Passagierrückgang um mehr als acht Prozent einstecken; in seiner Domäne, dem Geschäftsreiseverkehr nach Osteuropa, wo ab dem österreichischen Hauptstadtflughafen 45 Ziele im Flugplan stehen, verlor der Airport gar 15 Prozent. ■

Links unten: Der Kontrollturm ist seit seiner Eröffnung im Jahr 2006 das neue Wahrzeichen des Flughafens Wien.

Der Flughafen Wien verfügt, wie es sich für eine Verkehrsdrehscheibe gehört, über zahlreiche verlockende Einkaufsmöglichkeiten.

Berlin

Der Berliner Flughafen Tegel, der 1948 eröffnet wurde, soll spätestens Ende 2012, wenn der neue Großflughafen Berlin Brandenburg International in Betrieb gegangen ist, für immer seine Pforten schließen.

Deutsche Airports aus der Luft

easyJet.com

Der Flughafen Berlin-Schönefeld liegt im Süden der deutschen Hauptstadt und wird gerne von Billigfluggesellschaften wie EasyJet und Ryanair angeflogen. Aber auch Aeroflot kommt regelmäßig aus Moskau an die Spree.
Im Jahr 2009 wiesen die Berliner Flughäfen – also Tegel und Schönefeld zusammen – knapp 21 Millionen Fluggäste auf.

Voraussichtlich Mitte 2012 wird – mit Verspätung – der neue Großflughafen Berlin Brandenburg International mit dem schönen Beinamen „Willy Brandt“ eröffnet. Er entsteht praktisch in Sichtweite des alten Airports Schönefeld zwischen den Parallelpisten und soll in seiner ersten Ausbaustufe bis zu 27 Millionen Fluggäste aufnehmen können.

Nicht nur die weitgehend fertig gestellte Südbahn 07R/25L weist mit 4.000 x 60 Metern imposante Maße auf, sondern auch das neue Passagierterminal in BBI: Es wird 220 Meter lang, 180 Meter breit und 32 Meter hoch werden. Davor gelagert ist ein mehr als 700 Meter langer Pier mit 16 Fluggastbrücken; weitere neun befinden sich am sogenannten Süd-Pier.

Hamburg

Hamburg-Fuhlsbüttel war im Jahr 2009 mit 12,2 Millionen Passagieren Deutschlands fünftgrößter Airport.
Zu den Perlen im Streckennetz ab HAM, so der IATA-Code des Flughafens, zählen die Frequenzen von Emirates Airline nach Dubai, die mit Boeing 777 durchgeführt werden.

Insgesamt steuern rund 60 Fluggesellschaften den Flughafen Hamburg-Fuhlsbüttel an, von dem aus mehr als 120 Ziele in aller Welt erreicht werden können.

Ende 2009 war das letzte Teilprojekt des Ausbauprogramms HAM21 mit Eröffnung des Radisson Blu Hotels Hamburg Airport, das praktisch inmitten von Parkhaus P4 vis-à-vis der Airport Plaza liegt, abgeschlossen.

Lufthansa
20
20A
20
20A
IranAir

Foto Seite 146:
Iran Air kommt zweimal pro Woche – bei Bedarf sogar mit Boeing 747SP – nach Hamburg. Sie wird ebenso wie Lufthansa in Terminal 1 abgefertigt.

Air Berlin verfügt in Hamburg über einen Marktanteil von etwas mehr als 30 Prozent. Die Airline ist damit hinter der LufthansaGruppe (mit 40 Prozent) die Nummer zwei in Fuhlsbüttel. KLM wiederum verbindet die Hansestadt seit mehr als 90 Jahren mit Amsterdam.

Düsseldorf

Der drittgrößte deutsche Flughafen, Düsseldorf International, wurde 2009 von knapp 17,8 Millionen Passagieren frequentiert. Insgesamt 75 Fluggesellschaften fliegen ab DUS, so der Drei-Letter-Code des Airports, 180 Ziele in 50 Ländern an.

Am Flughafen Stuttgart wurden im Jahr 2009 8,9 Millionen Passagiere von rund 55 Airlines abgefertigt. Der Flughafen der baden-württembergischen Landeshauptstadt steht damit deutschlandweit an siebter Stelle.

Stuttgart

QUELLE

Der Flughafen Nürnberg ist ein Drehkreuz von Air Berlin. Der Airport – mit vier Millionen Passagieren die Nummer Zehn in Deutschland – verfügt über einen U-Bahn-Anschluss in die Innenstadt.

Nürnberg

Die beiden Start- und Landebahnen des Leipzig-Halle Airports, der direkt am Schkeuditzer Kreuz angesiedelt ist, liegen dies- und jenseits der A14. Der Flughafen, dessen multifunktionales Zentralterminal sich über die Bahngleise spannt, verfügt über Kapazitäten für bis zu 4,5 Millionen Fluggäste; 2009 wurden knapp 2,5 Millionen Passagiere gezählt.

Ausgewählte Flughäfen aus dem deutschsprachigen Raum auf einen Blick

Flughafen (Land)	Passagiere 1) 2009	Passagiere 1) Veränderungen zu 2008 in %	Flugbewegungen 2) 2009	Flugbewegungen 2) Veränderungen zu 2008 in %
Allg u Airport (D)	812.219	+75,7	10-191	+26,4
Berlin gesamt (D)	20.977.395	-2,0	215.493	-8,6
— Tegel	14.180.237	-2,1	150.190	-3,0
— Schönefeld	6.797.158	+2,4	65.303	+8,5
Bern (CH)	107.681	+0,4	58.308	+15,0
Braunschweig (D)	80.860[4]	-6,9	9.824	-3,2
Bremen (D)	2.448.851	-1,5	35.901	-5,9
Dortmund (D)	1.716.516	-26,3	24.043	-18,6
Dresden (D)	1.718.923	-7,4	27.225	-7,1
Düsseldorf (D)	17.793.493	-2,0	209.205	-6,1
Erfurt (D)	270.267	-12,3	7.403	-15,0
EuroAirport (CH)	3.854.724	-9,6	56.244	-9,4
Frankfurt (D)	50.932.840	-4,7	457.868	-4,5
Friedrichshafen (D)	578.484	-11,0	13.494	-6,0
Genf (CH)	11.237.910	-1,5	172.675	-9,2
Graz (A)	948.590[5]	-5,9	18.167[5]	-7,3
Hahn (D)	3.793.710	-3,7	36.937	-3,6
Hamburg (D)	12.229.319	-4,7	137.449	-8,5
Hannover (D)	4 969.799	-11,8	66.671	-11,4
Hof-Plauen (D)	20.000	-13,1	6.390	-5,8
Innsbruck (A)	956.972	-1,3	14.793	-5,1
Karlsruhe/Baden-Baden (D)	1.087.909	-4,7	26.184	-6,9
Klagenfurt (A)	410.512	-4,5	7.785	+1,4
Köln/Bonn (D)	9.739.581	-5,8	120.675	-6,2
Leipzig/Halle (D)	2.410.812	-1,9	55.762	+1,5
Linz (A)	682.945	-15,0	13.879	-11,5
Lübeck (D)	688.302	+28,8	10.274	+10,2
Mönchengladbach (D)	29.156[6]	-0,4	44.432[6]	-11,4
München (D)	32.681.067	-5,4	386.558	-8,2
Münster/Osnabrück (D)	1.382.069	-12,0	28.873	-4,3
Nürnberg (D)	3.965.743	-7,1	55.825	-6,2
Paderborn/Lippstadt (D)	983.706	-13,5	25.921	+2,1
Rostock-Laage (D)	161.812	-7,8	2.889	-7,3
Saarbrücken (D)	469.933	-9,3	12.597	-14,0
Salzburg (A)	1.552.154	-14,2	19 456[5]	-8,8
St. Gallen-Altenrhein (CH)	86.913	-16,0	30. 578	+9,0
Stuttgart (D)	8.934 493	-10,0	125.486	-11,7
Sylt (D)	176.509	+14,8	6.950	-5,0
Wien (A)	18.114.103	-8,3	243.430	-8,6
Weeze (D)	2.402.083	+57,6	19.676	+59,8
Zürich (CH)	21.926.872	-0,8	262.121	-4,7
Zweibrücken (D)	338.219	+3,4	20.846	-18,1

1) Gesamt an + ab, inkl. Transit
2) gewerblicher Verkehr
3) in Tonnen, gesamtverkehr, inkl. Transit und Trucking
4) kommerzielleer Verkehr
5) nur Linie und Charter
6) derzeit nur General Aviation

Fracht 3) 2009	Veränderungen zu 2008 in %	Internet-Adressen
–	-100	www.allgaeu-airport.de
25.985	-18,8	www.berlin-airport.de
18.842	-17,4	www.berlin-airport.de
7.143	-18,4	www.berlin-airport.de
–	–	www.alpar.ch
28,6	-36,3	www.fhbwe.de
731	+1,1	www.airport-bremen.de
21	-40,0	www.dortmund-airport.de
508	+47,7	www.dresden-airport.de
65.594	-6,9	www.duesseldorf-international.de
2.794	-19,4	www.flughafen-erfurt.de
84.850	-16,1	www.euroairport.com
1.917.227	-10,1	www.fraport.de
1	-90,9	www.bodenseeairport.eu
45.909	-6,1	www.gva.ch
8.230	-19,0	www.flughafen-graz.at
174.665	-2,6	www.hahn-airport.de
31.595	-15,2	www.hamburg-airport.de
11.492	-38,2	www.hannover-airport.de
–	–	www.flughafen-hof-plauen.de
3.814	-16,6	www.innsbruck-airport.com
837	-70,3	www.badenairpark.de
30,2	+26,0	www.kaernten-airport.at
562.036	-5,1	www.koeln-bonn-airport.de
524.084	+18,5	www.leipzig-halle-airport.de
33.326	-8,8	www.linz-airport.com
–	–	www.luebeckairport.com
14,2	+11,6	www.flughafen-mgl.de
242.149	-11,8	www.munich-airport.de
269	+34,5	www.fmo.de
10.611	-18,3	www.airport-nuernberg.de
30	-57,7	www.airport-pad.com
3.044,6	+168,5	www.rostock-airport.de
83	-14,4	www.flughafen-saarbruecken.de
174,2	-25,7	www.salzburg-airport.at
32	-14,0	www.peoples.ch
25 011	-21,7	www.stuttgart-airport.de
–	–	www.flughafen-sylt.de
185.724	-0,8	www.viennaairport.com
0	-100,0	www.airport-weeze.de
344.415	-11,2	www.flughafen-zuerich.ch
85,6	-51,5	www.flughafen-zweibruecken.de

Quellen: ADV bzw. Angaben der Flughäfen

Dietmar Plath

Der 1954 geborene Otterstedter gehört zu den erfahrensten Fotografen in der Welt zwischen Himmel und Erde. Über 110 Länder auf allen Kontinenten besuchte Dietmar Plath, um interessante Flugzeuge in den kühnsten und exotischsten Farben und Bemalungen oder vor faszinierenden Landschaften festzuhalten und der Öffentlichkeit zu vermitteln. Neben vielen Kalendern demonstrieren zahlreiche Luftfahrtbücher und Bildbände sowie eindrucksvolle Fotoreportagen in verschiedenen Fachmagazinen sein vielseitiges Repertoire. Seit 1997 ist er Chefredakteur von Aero International.

Brigitte Rothfischer

wurde 1966 in Nürnberg geboren. Die Fliegerei faszinierte sie von Kindesbeinen an, und so konnte ein sprachwissenschaftliches Studium an der Ludwig-Maximilians-Universität in München nur ein Umweg zu einer intensiven Beschäftigung mit der Luftfahrt sein. Seit September 1995 arbeitet sie als Redakteurin bei Aero International, wo sie sich vorrangig mit den Themenbereichen internationale Flughäfen und Fluggesellschaften sowie Pilotenausbildung beschäftigt. Darüber hinaus hat sie das Buch „Flughäfen der Welt“ sowie zusammen mit ihren Kollegen Dietmar Plath und Achim Figgen „Das große Buch der Verkehrsflugzeuge“, „Das große Buch der Transportflugzeuge“ sowie das „Taschenbuch der Verkehrsflugzeuge“ geschrieben.

Ebenfalls erhältlich...

ISBN 978-3-7654-7007-3

ISBN 978-3-7654-7003-5

ISBN 978-3-7654-7052-3

ISBN 978-3-86245-302-3

ISBN 978-3-86245-303-0

GeraMond

www.geramond.de

Alle Luftbildaufnahmen und Grafiken stammen von den jeweilen Flughäfen

ADAC: 109-111
Aeroports de Paris: 40–43
Air Team Images: Ismael Jordan 77 unten,
Archiv Dietmar Plath: 8–17
British Airways: 26
Detroit Airport/Vito Palmisano: 84unten
Dietmar Plath: 4/5, 6, 20, 23, 28, 29, 30, 31, 37, 46, 49, 56oben, 69, 70, 78, 79oben, 81oben, 87oben, 88oben, 95, 112/113, 114, 115, 116, 117, 119, 120/121, 122, 123,126/127, 129, 136-141, 142-147, 160
Flughafen München: 118,124-125
Flughafen Zürich AG: 128, 130, 131
Flughafen Wien AG: 132-135
FRAPORT AG: 54/55, 56unten, 59-61
FlughafenDüsseldorf/Ansgar van Treeck: 148/149
Qatar Airways: 102, 106, 107
The Port Authority of New York & New Jersey: 72-75, 89
www.baa.com/photolibrary: 24/25, 27

Jeppesen-Karten
Mit freundlicher Genehmigung von
Jeppesen Sanderson, Inc.
Not for navigational use!